图书在版编目（CIP）数据

BBC 全新 4K 海洋百科：蓝色星球．Ⅱ /（英）詹姆斯・霍尼伯内，（英）马克・布朗罗著；李蕊，印思玫译．-- 南京：江苏凤凰科学技术出版社，2018.3（2023.5 重印）
ISBN 978-7-5537-8822-7

Ⅰ．①B… Ⅱ．①詹… ②马… ③李… ④印… Ⅲ．①海洋—普及读物 Ⅳ．①P7-49

中国版本图书馆 CIP 数据核字（2017）第 312019 号

BLUE PLANET II

BBC 全新 4K 海洋百科：蓝色星球 II

著　　者　（英）詹姆斯・霍尼伯内
　　　　　（英）马克・布朗罗
译　　者　李　蕊　印思玫
责任编辑　谷建亚　沙玲玲
责任校对　仲　敏
责任监制　刘文洋

出版发行　江苏凤凰科学技术出版社
出版社地址　南京市湖南路 1 号 A 楼，邮编：210009
出版社网址　http://www.pspress.cn
印　　刷　上海当纳利印刷有限公司

开　　本　889mm × 1194mm　1/16
印　　张　19.25
插　　页　4
字　　数　460 000
版　　次　2018 年 3 月第 1 版
印　　次　2023 年 5 月第 13 次印刷

标准书号　ISBN 978-7-5537-8822-7
定　　价　168.00 元（精）

图书如有印装质量问题，可随时向我社印务部调换。

BBC全新4K海洋百科

蓝色星球 II

【英】詹姆斯 · 霍尼伯内（James Honeyborne）
马克 · 布朗罗（Mark Brownlow） 著

李 蕊 印思玫 译

江苏凤凰科学技术出版社
· 南 京 ·

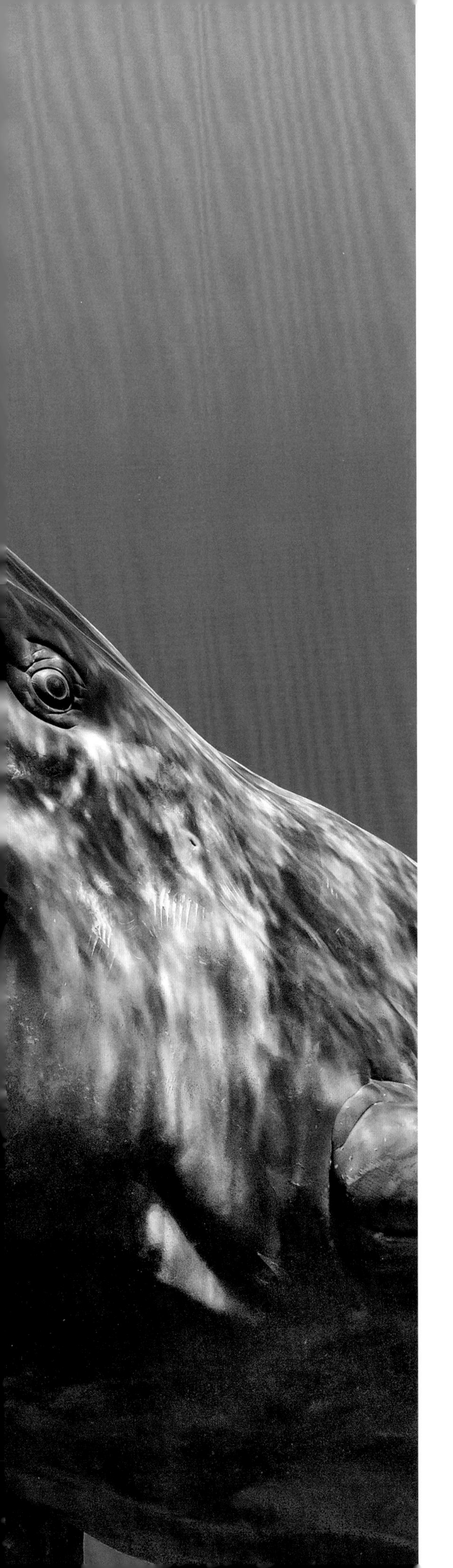

Contents
目　录

前言

超乎想象的美丽

大卫·爱登堡

1956 年，我第一次见到游泳者在水下拍摄的鲨鱼，那一次，鲨鱼鼻子撞上了镜头。隔壁剪辑室的编导冲进我的房间，喊我去看点不寻常的东西。到了他那里，只见剪辑机的屏幕上闪烁着一头巨鲨的影像。他按下某个按钮，鲨鱼仿佛苏醒了一样，朝摄像机游了过来。我能够清楚地看见，鲨鱼嘴里长着一排排白色的三角形牙齿。鲨鱼越游越近，整个画面里都是它的脑袋，接着摄像机失焦了，随之而来的是画面猛烈抖动。鲨鱼侧过身甩下一抹灰色的掠影，然后消失在了黑暗之中。

影片拍摄于红海，拍摄者是年轻的维也纳生物学家，名叫汉斯·哈斯（Hans Hass）。他是第一批学习时下流行的潜水运动的人，第一次使用了供气阀，这个设备使得潜水成为可能。这种供气阀最初是由法国海军的官员雅各·库斯托（Jacques Cousteau）在二战期间发明的。游泳者背着气瓶，借助呼吸气瓶里的压缩空气，在水下游泳。借助这套装置，配合面罩和脚蹼，只要身体状况允许，海洋新世界对任何人来说都触手可及。

汉斯·哈斯的特殊贡献在于：他做了一个摄像机防水罩。这样，他在潜水时就可以带着摄像机，让大家都看看这个新世界。那是个又大又笨重的金属箱，带着个盖子、防水密封。箱子前面有个玻璃盘，紧贴着里面摄像机的镜头。箱子外有一个开关按钮，还有一个铁丝围成的方框充当取景器。摄像机里装着 100 尺的胶卷，所以他每次只能拍总共 2 分 40 秒的内容，然后不得不返回水面，打开盖子，重新为摄像机装胶卷。这些工作轻易就能花掉一个小时，如果他要在稍微有点深度的地方工作，就远远不止这点时间了，因为他还必须要在回到水面的时候减压。然而，虽然麻烦不断，哈斯还是投入到了新的影片拍摄当中。这就是第一部由 BBC 委托拍摄的水下纪录片。当这部令人震撼、发人深思、画面精彩绝伦的作品最终播出后，造成了一时轰动。

转眼间，60 年过去了，很多事情都发生了变化。水下摄像机变得越来越小。现在，摄像机不仅能用胶卷拍摄影片，还能用数码技术拍摄视频，可以连续不断地拍下几个小时的素材。微光相机可以在太阳光远远不能触及的深海中拍摄。在那里，唯一的光线是由鱼和其他深海生命制造的，因为它们要在一片漆黑中找寻自己的

漫长的等待（左上图） 南非著名的危险海域“狂野海岸”外，水下摄影师丹尼尔·比彻姆（Daniel Beecham）在摩多比附近搜索印度—太平洋宽吻海豚。

准备拍特写（左下图） 摄影师盖文·瑟斯（Gavin Thurston）与大卫·爱登堡（David Attenborough）爵士一起在佛罗里达州临大西洋海岸的小船上，已经架好了下次拍摄用的摄像机。

路。简而言之，没有我们不能探索的海域。所以，在千禧年的最后，BBC 自然历史频道开始筹备一部名叫《蓝色星球》的系列纪录片。

这部系列片取得了巨大的成功，包揽了各项大奖、赢得了观众的口碑。从来没有任何一部作品，能够如此全面、充分地描述海底世界。现在，我们的镜头几乎进入到世界上任何一片海洋，那么该怎样在细节更丰富的基础上讲好故事，并以具有启迪性的方式表现？还会有新故事吗？加拉帕戈斯的渔民注意到，海狮通过团队合作，在数百米宽的海面上排兵布阵，将金枪鱼赶入封闭的海湾，而我们现在可以用无人机航拍了。诸如此类的新发现，还有拍摄团队从极近距离、用由拍摄昆虫的微距镜头改装的水下摄影镜头所拍摄到的，珊瑚枝杈中生活着的复杂生物社群。虎鲸的狩猎速度非常快，该怎样跟上它呢？我们将安装了吸盘支架的摄像机贴在了虎鲸身侧。微光相机能拍摄到非洲平原上狮子的夜间狩猎，现在我们用它拍摄墨西哥海岸边成群的鳐鱼，观察它们三角形的胸鳍每次拍打海水时，波光涟漪处浮游植物的幽幽微光，宛如水下芭蕾，美得摄人心魄。

自从第一头鲨鱼将鼻子撞到摄像机上以来，水下摄影已经发生了很多变化。现在，请你欣赏《蓝色星球Ⅱ》，这个奇迹世界超乎你的想象！

前往蔚蓝大海（右图） 大卫·爱登堡爵士从佛罗里达州东海岸乘坐快艇出海。

IMO 9554652
UMBRA

第 1 章

同一片海洋

浩瀚而未知

从 NASA 的火星勘测轨道飞行器上看，我们的蓝色星球就像一个飘浮在太空中的饰有斑点的大理石球。蓝色是地球独有的颜色，其原因是——水，大量水的存在。其他行星和它们的卫星可能有水，但是人类目前无法观测到。我们的星球携有大量液态水，覆盖在星球表面。水从哪里来，没有人知道确切答案。水可能来自地球形成时，从岩石中挤出的水分。地球起源于大约 45 亿年前太阳系行星的一盘尘埃。又可能，水是小行星和彗星带来的。无论水是怎么来的，大部分水停留在地表，因为地球在“宜居带”：既不太热也不太冷，离太阳距离刚刚好，水不会结冰，也不会蒸发逃逸到太空中去。

今天，地球表面的 71% 被水覆盖着，其中 96.54% 的液态水存在于海洋中。然而，95% 的水域尚未被探索过。原因不难发现：海洋是最难接近、研究最为昂贵的地方之一。然而，交通的困难和开支的高昂并没有阻止人类努力的步伐。创新和艰苦的研究，以及海洋技术和工程方面的最新进展，使科学家能够以前所未有的方式探索海洋。不过，具有讽刺意味的是，正是我们在太空的探险，而非水下探险，提醒了我们：海洋在维护地球健康方面发挥着至为关键的作用。

虽然自古以来，人类就一直在研究海洋，但是直到我们把卫星送入地球轨道，回望这颗星球时才意识到，我们应该感谢海洋给人类带来的福祉。海洋是地球的生命保障系统，帮助调节空气中氧气和二氧化碳的含量；海洋影响天气和气候，为我们提供可饮用的水，供应大量的食物。海洋可能是我们生存在这里的原因，生命也许起源于此。

蓝色大理石（左图） 美国国家航空航天局（NASA）环火星卫星在距离地球大约 2.25 亿千米处拍摄的月球和地球。

冲浪者（前页） 宽吻海豚在佛罗里达州大礁岛附近的海浪中嬉戏。

南非的超大鲸群

人们总是被大海所吸引，为它的力量所折服。然而，海洋表面之下有什么，却多为人们所忽略。最近，一切都在改变。其中一个原因是一项名为“国际海洋生物普查计划”的项目，这是一个令人兴奋的研究，目标是统计生活在海洋中动物的种类，分别生活在哪里，各自的种群数量有多少，以及它们面临的威胁。研究发现可能存在超过 6 000 种的海洋生命新物种，观察到了非比寻常的大迁移和令人意想不到的行为，后续工作还在继续。像这样的新发现每天层出不穷，比如说，在南非西南海岸上突然出现的大型座头鲸群，它们是到这里捕食的。

2011 年，第一个“超大鲸群”被发现，随后的几年里，它们又出现了几次。在“绿色海洋”章节的拍摄过程中，节目组发现每一次聚会都有多达 200 头鲸鱼出现在一小片海域里。令人惊讶的是，这些鲸鱼在夏季的几个月里会一直待在这片海域里。南半球的鲸鱼通常会前往南极，以夏天密集出现的南极磷虾为食，但南本格拉寒流的水体养分丰富，生活在这里的鲸鱼以一种较小的磷虾为食，端足类生物和口足类生物也是它们的美食。

为什么如此多的鲸鱼聚集在这里，现在还是一个谜。不过，研究鲸鱼的科学家认为，他们正在见证历史——20 世纪兴起的捕鲸业使世界上鲸鱼的数量减少到 5 000 头以下。1966 年以来，座头鲸的商业猎捕活动停止后，鲸鱼的种群数量正在缓慢回升。

鲸鱼聚集的其中一个原因，可能是因为鲸鱼的数量已经达到了一个临界值，它们开始恢复到捕鲸前的行为状态。其他的解释是，这个丰富的生态系统中存在大量猎物，鲸鱼因此改变行为；或者它们被迫寻找新的捕食机遇，因为数量的增加鲸鱼已经在南方加剧了对食物的竞争。现在，科学家们正计划追踪这些座头鲸，以了解为什么它们正在改变一年一度的迁徙活动。

座头鲸聚会（右图） 大量座头鲸在南非近海一同捕食。

携手同行

南非的鲸鱼之谜是 20 年前《蓝色星球》纪录片播出以来的众多发现之一。现在,《蓝色星球Ⅱ》探索了世界各地的海洋，制作团队已经搜寻并拍摄了地球上最重要、最聪明、最具魅力的海洋生物。

他们已经进行了 125 次探险，在海上花费了 1 500 天，其中包括 1 000 多小时的深海探险。他们的拍摄足迹遍布每一个海洋，每一个深度，每一片海岸。珊瑚礁、海滨、海底森林和草地，乃至开阔大洋都是探寻的目标。他们甚至为科学知识的储备做出了贡献：使用了新的拍摄技术，比如在动物身上直接安装微型摄像机，从动物的视角进行观察；出动无人机进行航拍，镜头下的景象一览无余；还采用了一种“循环呼吸器”的水下装置，以减少呼吸造成的气泡，从而让摄制组能在水下连续待 5 个小时，这样就能在不打扰动物的情况下，近距离拍摄复杂的动物行为。

这些技术让团队能够直接对正在进行的研究做出贡献，他们的工作体现在新发表的科学论文中。这意味着,《蓝色星球Ⅱ》中的许多故事是科学界的新事，而且首次收录到电视节目里。例如，在澳大利亚大堡礁的蜥蜴岛，一种有趣的行为一直在研究岛屿周围海洋生物的科学家的眼皮底下发生，而直到最近才被人注意到。这一行为，揭示了某种脊椎动物和另外一种无脊椎动物之间的惊人关系。

准备潜水（左图）《蓝色星球Ⅱ》摄制组两台载人潜水器之一正在准备从母船“阿鲁西亚号”上出发。

非比寻常的场记板（右上图·左）《蓝色星球Ⅱ》的一位珊瑚礁明星刚刚确认自己没有跑错片场。海洋生物学家亚历克斯·瓦尔博士（Dr Alex Vail）在大堡礁的蜥蜴岛。

深潜者（右上图·右） 制片人搭乘载人潜水器，潜入深海的黑暗中。

拍摄小丑鱼的特写（右下图） 在马来西亚沙巴州东南部，马布尔岛附近海域，水下摄影师罗杰·芒斯（Roger Munns）正在用水下准直镜头拍摄小丑鱼一家。

#BLUEPLANET2

难以置信的同盟

鳃棘鲈是石斑鱼家族中脾气暴躁的成员，照片上的这只似乎正在自己巢穴外与栖身珊瑚礁间的一只章鱼对峙。身体柔软的章鱼在野外很容易受到伤害，但鳃棘鲈主要以鱼为生，所以章鱼似乎不受侵扰。鳃棘鲈仿佛对一种隐藏在珊瑚下的小鱼或甲壳类动物感兴趣，但它太大了，无法抓到这些食物。它慢慢地来回游动，然后低下头，巧妙地将头部转向隐藏着目标的裂缝处，它来回摇着头，似乎在特意指出那里躲藏着猎物。章鱼回应了，它那柔软而高度灵活的腕足能探入鳃棘鲈无法进入的裂缝，将猎物逼出来，这样鳃棘鲈或章鱼就能抓住猎物了。

蜥蜴岛研究站的亚历克斯·瓦尔回忆道："第一次看到鳃棘鲈和章鱼一起捕猎的时候，我简直是目瞪口呆。"他一直在研究石斑鱼和其他物种之间的合作，包括章鱼、海鳗和大型隆头鱼。他发现，有时是章鱼成功抓住猎物，有时则是鳃棘鲈夺取了奖品，但二者合作比单独行动更好。

这是令人惊讶的行为，这两只动物一定学会了合作。章鱼以高智商著称，但大多数鱼类一般都不聪明。然而，这条鱼已经学会了作指示。它使用一种被称为"倒

合作（下图） 在蜥蜴岛，鳃棘鲈指出猎物藏在哪里，章鱼进去将猎物逼出来。

鱼朋友（上图） 黑驳石斑鱼和一条海鳗结伴同行。海鳗修长的身材可以探进珊瑚的缝隙中，这是它的队友无法达到的地方。

立信号”的身体语言，跨越脊椎和无脊椎动物之间的分歧，动员另一个物种来帮助它捕猎。到目前为止，使用类似信号语言的行为主要发生在类人猿和鸦科鸟类身上，比如渡鸦。但现在已知一些种类的石斑鱼也可以“作指示”。

例如，在红海中，黑驳石斑鱼来回游动、与巨型海鳗相配合，但并非所有的鳗鱼都具有这种能力，所以负责发出信号的石斑鱼也必须了解哪些鳗鱼值得寻求帮助，然后一次又一次地回去找它们合作。

与灵长类相比，鱼的大脑与身体比例较小，所以科学家面临的一个大问题是，鱼如何能以如此有限的脑力完成复杂的任务。然而，个体利益总是被看作促成动物合作的最终推力，这是一种在竞争激烈的热带珊瑚礁上获得优势的方式。不过，我们可能需要重新界定我们看待某些海洋生物的方式。亚历克斯说：“一般认为鱼几乎不思考，但鱼确实在思考。”

当这两个角色的表现，引发出人们对特定居住场所如珊瑚礁内海洋生物相互依存关系的新认识时，另一个“首次触电”的故事则探索了两个截然不同世界之间的联系：一个在海浪之上，另一个在海浪下。故事发生在10月，印度洋上的一个小岛上。就像石斑鱼和章鱼一样，这种事情可能已经被忽视了很多年，今天才第一次讲出来。

鱼导弹

塞舌尔群岛上有一座鸟岛，每年8月和9月，都有大约40万对燕鸥来到这里的巢穴。它们之所以选择来到这里，一方面是因为这儿远离陆地捕食者，另一方面是因为小岛周围的潟湖和浅水区里有丰富的食物。燕鸥会浮潜，捕捉接近水面的小鱼。它们还有一种捕食方式，就是尾随体形较大的掠食性鱼类，如珍鲹。当这种大鱼将小鱼赶到靠近水面的地方，当小鱼在绝望中试图逃离珍鲹嘴时，便落入了猛扑的燕鸥腹中。

10月，当燕鸥夫妇因喂养雏鸟而疲惫不堪，而巢穴中的蜱虫逐渐增多的境况下，难以忍受的雏鸟就会弃巢而去，自食其力，寻找食物。它们以稚嫩的翅膀飞向空中，有时狂风大作，所以如果学飞的雏鸟不能保持飞行高度，有可能会落入水中。这下糟了！不知从哪里出来的大鱼抓住雏鸟，把它拖到水下。那是一条珍鲹，它已经翻转了局面：不是鸟在观察鱼，而是鱼在观察鸟。

体长达到1.7米的珍鲹是真正的巨鱼。它是狮鱼家族中最大的一种，这种鱼有很大、可伸缩的下巴，它们在塞舌尔岛的行为让人想起了在法国军舰环礁[①]处捕食信天翁幼鸟的虎鲨，但珍鲹比虎鲨还技高一筹：它们跃出水面，在半空中抓鸟。然而，拍摄这一切，本是《蓝色星球Ⅱ》制片人迈尔斯·巴顿（Miles Barton）的一次放手一搏。

“这是拍片25年来，我第一次外出拍摄一个罕为人知的故事。有人跟我们讲，一个朋友的朋友的朋友见到过很多鱼从水里跳了出来。我们顺藤摸瓜找到了故事源头——一群为这些贪婪的捕食者而来的专业渔民。摄制组仅仅是因为道听途说，便飞越半个地球，这是一次很大的冒险。然而，当我们到达时，发现到处都是在跳跃的鱼，我们感到很欣慰。但鱼跳得如此之快、如此突然，摄影师泰德·吉福德（Ted Giffords）不可能把相机指向准确的地方。

“幸运的是，当地的钓鱼向导彼得·金（Peter King）对这种鱼了如指掌，他把我们带到了他的午餐地点，那是一处海滩，可以俯瞰一条通道，鱼在涨潮时会聚集在这里。从这个角度泰德可以看到水下鱼的轮廓，彼得可以预测鱼会在哪里被袭击，我们就这样拍摄下了这令人目瞪口呆的行为。”

准备起跳（底图） 一条珍鲹密切观察头顶的小燕鸥。这是一条聪明的鱼，它知道如何跟随海豹和鲨鱼，捕食它们逃走的猎物。

起跳（右图） 一条珍鲹跳跃到空中，但是，幸亏燕鸥有出色的飞行技能，鱼没能成功抓住这只鸟。

① French Frigate Shoals，夏威夷群岛中的一个珊瑚礁岛。

天堂岛（上图） 燕鸥在塞舌尔群岛的聚集地和潟湖。

巨型珍鲹拥有非凡的视力和全景视野，而且它们聚集在清澈海水中至为关键的地段——环礁潟湖的一边，在那里它们可以清楚看到头顶上群鸟的身影。当一只燕鸥飞得很低或在水面上盘旋时，珍鲹就冲出水面，把燕鸥从空中撞下来，或者直接叼在嘴里，拖到水中，然后吞下去。

根据迈尔斯的观察："鱼在水下追踪燕鸥时会在水面形成弓形水波，很容易被鸟发现。有时鱼会发现自己距离水面太近时，就不再前行。然而，如果燕鸥向水面靠近，珍鲹就会像发射导弹一样把自己弹出去，将嘴巴张开成足球大小，裹住燕鸥，将燕鸥拉下来。看到一条一米多长的珍鲹离开水，拽下一只成年燕鸥的景象的确令人震惊。但更令人兴奋的是，有时珍鲹弹射出来，但是燕鸥通过令人难以置信的特技飞行，在最后一刻成功逃脱。"

研究人员索菲·摩根（Sophie Morgan）说："狩猎策略似乎取决于珍鲹的大小。小一些的珍鲹跳得最夸张，虽然它们很努力，但会经常失手。我想，更大的珍鲹需

记录这一刻（上图） 在潟湖，摄影师泰德·吉福德正在等待珍鲹跃出抓住小燕鸥。

要更多的能量来推动它们巨大的身体离开水面，但它们的命中率更高，因为它们以更大的力量去击中在水面上或靠近水面的燕鸥。”

在拍摄珍鲹从水面跳出的过程中，迈尔斯和他的团队讲述了故事的上半部分，他们还想了解珍鲹在水下如何表现，但对水下摄影师丹·比彻姆（Dan Beecham）而言，这过程不太舒服。

“珍鲹通常不会对人构成威胁，但即便如此，和它们一起进入水中还是令人生畏的。它们非常大，是顶级掠食者，有着极有力的下颚。”

摄制组亲眼见到了珍鲹下颚所能造成的伤害。

迈尔斯说：“这些大鱼已经习惯了渔民把残羹剩饭扔进海里，并会攻击任何溅起水花的东西，所以我们每个人都会小心翼翼地移动。珍鲹会简单地绕船打转，让我们拍到它们牛头犬一样的脸。”然而，当一名导游不小心掉下了一罐软饮料时，马上就有鱼咬了上去。罐子上的穿刺记号提醒我们，不要行差踏错！

大海带来的惊喜

新西兰沿岸海域，伪虎鲸给科学家带来了另一个惊喜。伪虎鲸实际上是大型海豚，它们的名声不好，有时会骚扰其他鲸类动物。众所周知，伪虎鲸会攻击较小的海豚物种，也曾有一份报告称一群伪虎鲸杀死了一头座头鲸幼崽。而且即便是巨大的抹香鲸也不能幸免。这些伪虎鲸烦扰海豚，直到海豚把辛苦捕来的深海鱿鱼吐出来。这样一来，伪虎鲸和带着幼崽的宽吻海豚之间的偶遇就火药味重重。

海豚在北岛附近活动，而伪虎鲸则在它们后方不远处觅食。在远洋中，这两种较大的鲸类已经分裂成两组，单独行动了一段时间，但现在它们重新合并在一起，大约有 150 头强壮的海豚，形成了一种强大的力量。

宽吻海豚聊着天，母亲们用一连串的咔嗒声、口哨和哀鸣来安抚它们的孩子，而小海豚们则会回应。但一些伪虎鲸在距离 30 千米远的地方，偷听海豚们的亲密交谈，并锁定了它们。追踪者加快速度，以 10 千米 / 小时的速度匀速前进。差距缩小了，突然之间，它们相遇了……然后发生了一件非常不寻常的事。

伪虎鲸和宽吻海豚混在一起，相互抚摸，像老朋友一样互相问候。令人难以置信的是，宽吻海豚和新西兰的伪虎鲸交谈时似乎在调整自己的叫声，这提高了它们跨物种交流的可能性。

动物个体间似乎能够识别彼此，甚至可以形成持久的关系，而且，当它们看上去在漫无目的地转动身体时，便是重新组织队伍，要准备去打猎了。两个物种组成了混合小群体，就像最好的朋友聚在一起，这样的群体分散在几千米的海洋上。

空中俯瞰（左图） 直升机被用来跟踪新西兰北岸快速移动的海豚群。

最好的伙伴（右图） 宽吻海豚和伪虎鲸相遇了，在海洋里一起打猎。海豚身长 2 ~ 4 米，而伪虎鲸长达 6 米。它们都生活在温带和热带水域。

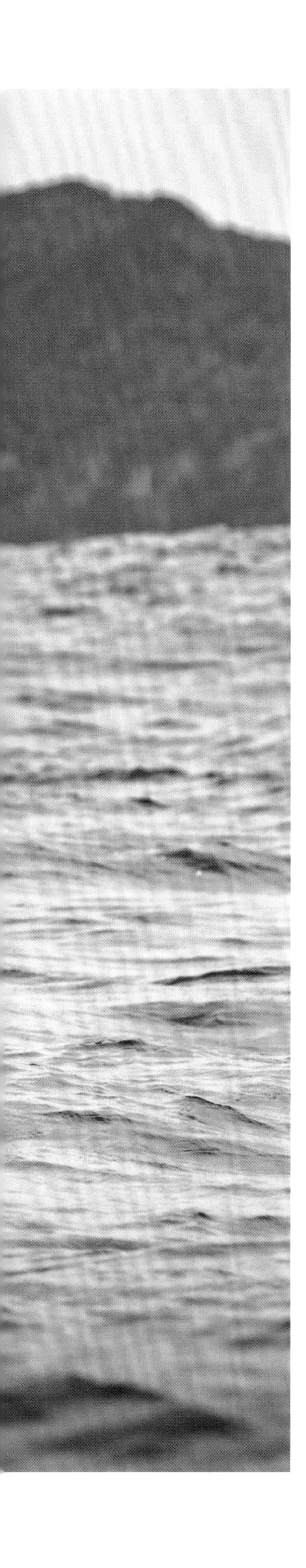

它们一起去寻找大型鱼的鱼群。这是一种成功的策略，通过形成这个不寻常的联盟，将网撒得更宽，它们能更有成效地发现和捕捉在海洋中分布不均匀的猎物。也不会有竞争的问题，因为食物对它们来说都是足够的。此外还有额外的好处，更多的眼睛和耳朵警惕着它们的共同敌人——虎鲸和大白鲨。

当狩猎结束的时候，该休息了。伪虎鲸形成一个紧密的休息区，因此宽吻海豚只能在外围打转。

水下摄影师史蒂夫・哈撒韦（Steve Hathaway）回忆说："对我来说，最重要的一点就是它们很吵。你能感觉到你身体里的回声。海豚不关心个人空间，它们聚集在一个紧凑的群体里，几乎没有任何空隙。"

伪虎鲸是最少受到研究的鲸类动物之一。它们生活在远洋中温暖的地方，一天可以行进200千米，但有时也会像新西兰的伪虎鲸那样进入浅海。只要不被渔具缠住，它们能活到60岁或更久。即使在已知可能出现的地方，它们都并不常见，这种与它们的海豚伙伴之间不寻常的行为，吸引了科学家的目光。这种行为是互惠互利，还是一个物种剥削另一个物种？

研究人员约亨•赞彻玛（Jochen Zaeschmar）说，"伪虎鲸非常有魅力"，他一直在密切关注这些混合群体。"我很高兴，伪虎鲸最终得到了它们应得的更广泛的认可。对我来说，充分了解这两个物种之间的关系是我们研究中最有趣的部分。"

冲浪!

海豚喜欢冲浪，这是毫无疑问的。在澳大利亚西部和南非，有人曾目睹多达100只宽吻海豚在附近的冲浪海岸排成一行，就像人类的冲浪者在等待下一个大浪一样。它们踏着海浪前行，当海浪拍碎在海滩上时抽身而退，然后再继续冲浪。海豚为什么要冲浪，这是个谜，但即使是理性务实的科学家也不得不承认，它们看起来就只是玩得很开心。

供它们冲浪的海浪来自遥远的海上。大多数海浪是风的产物，虽然滑坡和地震也能产生海浪。起风时，空气分子摩擦水分子，能量从风传递到浪。风越强，波浪越大；风吹过的距离越长，海浪积聚的能量越多。在远洋上，数据浮标所记录到的最大海浪高是19米，这是冰岛和英国之间形成的一系列巨浪的平均高度。这组数

空中海豚（上图） 宽吻海豚在“耍杂技”，它们在冲浪时飞入空中。

海豚的冲浪角度（下页） 海豚横向划过海浪，而不是直接冲向海滩。

据记录于 2013 年 2 月 4 日。

在海岸边，这些巨浪甚至更令人印象深刻。当海水被推到岸边时，海浪的底部会在海床上拖曳，所以上部的移动速度比下半部分快，缩短了海浪的长度，增加了海浪的高度。随着临近岸边，海洋深度减小，海床不断升高，波浪底部的阻力增大，波峰前倾，最终卷曲，形成带泡沫的水——碎浪。

最大的碎浪大多发生在直面狂暴海洋的海岸。这是冲浪高手们喜欢的地方，比如葡萄牙的纳扎雷。在那里，大西洋的海浪从海底峡谷中涌起，其高度可高达 30 米，像办公楼那么高。这里是世界上最狂野、最危险的冲浪场所之一，不适合胆小的人。海浪拍碎在礁石上，像一辆快速移动的汽车撞上了一堵砖墙。在撞击中，被困在裂缝和缝隙中的微小空气被压缩到可以引发小型爆炸。这种浪可以雕刻岩石、摧毁建筑、可以杀人。坏消息是，海浪现在似乎变得更大、更强了。

OCEAN HARVEST
PD 198

汹涌巨浪和黑洞

海上风暴（左图） 渔船“海洋丰收号”对抗风暴，在北海高度惊人的巨浪中劈风斩浪。

强大的海浪（下图） 强风吹拂大片海水，创造出破坏性的巨浪，侵蚀海岸线。

随着科学家们对海洋生物行为的惊人发现，海洋环境的情况也更加令人不安。海洋学家和气候学家警告说，他们的许多新发现反映了一个快速变化的世界，而且变化并非都是好的。

地球正在变暖，普遍认为是由燃烧化石燃料引起大气中二氧化碳含量升高造成的。这意味着海洋表面温度正在上升，围绕这一现象的潜在后果有很多激烈争论。根据某些气象学模型的估计，热带风暴，包括飓风、台风和旋风预计会增加强度。例如，根据佛罗里达州立大学的研究，热带风暴将会减少，但每一场风暴都比过去更强大，持续时间更长。在这项研究中，科学家还指出，海洋风速和海浪高度普遍有所提高。

墨尔本斯威本科技大学的海洋学家，从 1985 年到 2008 年的数据中发现，西澳大利亚风速在过去的几十年里增加了 10%。今天波高最高点平均是 6 米，而 1985 年只有 1 米。世界其他地区也有类似的增长。

异常巨浪是一种巨大的偶然性波浪，有时被称为“疯狗浪”。有些巨浪高达 30 米，可能是在过去 20 年里导致 200 多艘超级油轮和集装箱船失踪的真凶。“伊丽莎白二世号”邮轮的船长曾经以“撞上多佛的白崖”描述这些巨大的水墙。直到 2004 年，这种海浪还被奉为传奇。但就在 2004 年，欧洲航天局卫星在三个星期内探测到 10 个异常巨浪，每个都超过 25 米高，分布在全球各地。

阿古拉斯洋流正以这种异常巨浪闻名，它沿着南非海岸向西南流动。在这里，海洋学家发现，普通的海浪会遇到涡流，致使能量集中，并形成更大的浪花。

这种旋涡被称为“阿古拉斯环”，水流的速度与人走路的速度相近。它们有时表现出非比寻常的规模和力量，直径可达 150 千米，一些科学家把它们比作太空中的黑洞。一旦被困在巨大的旋涡中，即使是水也无法离开，那里的水可以停留一年多。在南方大洋，人们认为这些环流对于将温暖的水流向北转移发挥了重要作用。这些温暖水流远离南极，因此在某种程度上抵消了全球变暖对该地区冰盖和冰川的影响。它们是全球海洋系统的一部分，类似于人体的循环系统。

冲浪（下图） 葡萄牙纳扎雷，诺德海滩。德国冲浪选手塞巴斯蒂安·史托伊特纳（Sebastian Steudtner）在巨浪上冲浪。

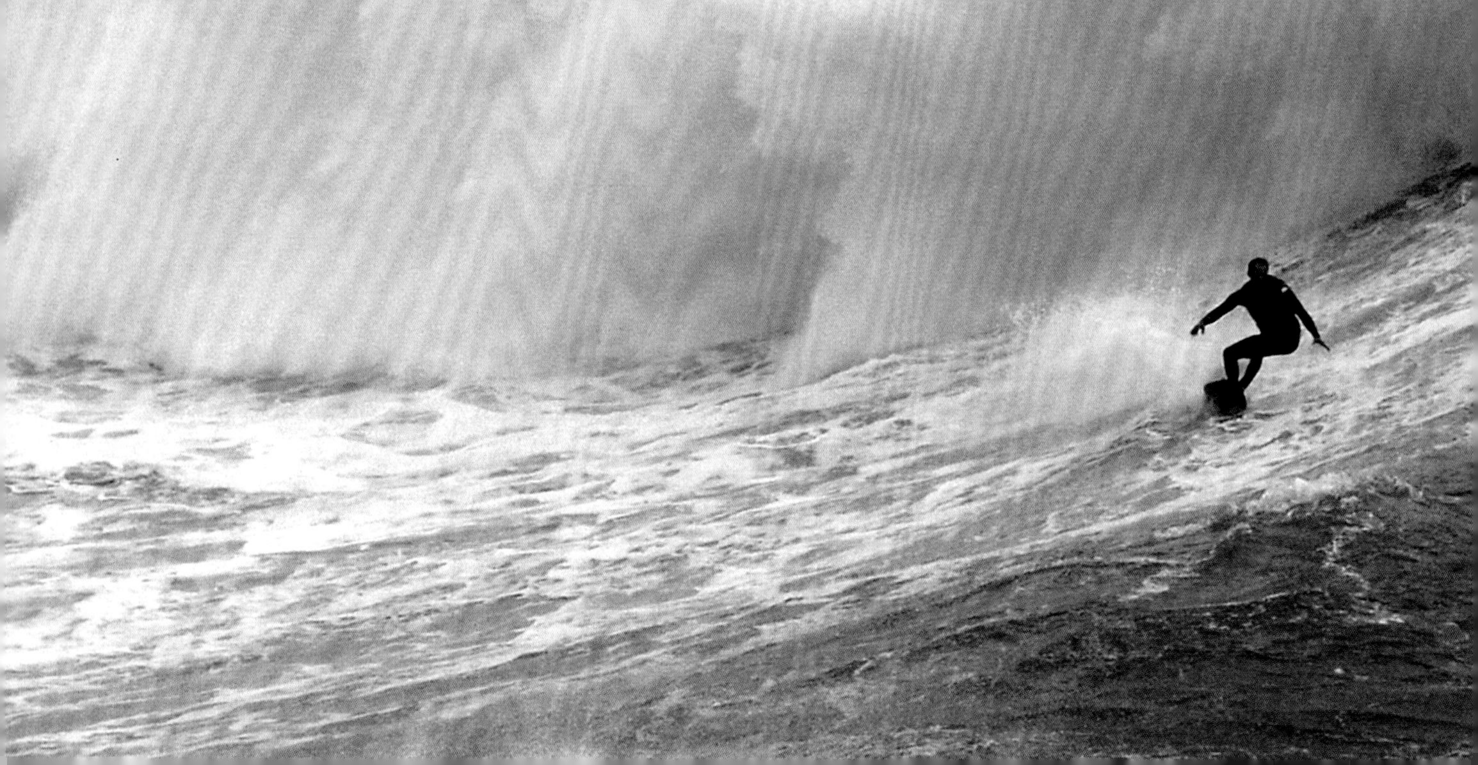

同一片海洋

阿古拉斯环流来自阿古拉斯洋流，这股洋流从印度洋流入南大西洋。它表明了世界的五大洋——太平洋、大西洋、印度洋、北冰洋和南冰洋，它们之间并不是彼此隔离的水体。这些水体内部相互有联系，形成了一片大洋，也就是海洋。大洋向整个地球运输能源，主要是以热量和动力形式传输，以及物质，如固体、溶解物和气体。这是一个传输和循环系统，俗称“海洋传送带”。

在整个循环体系里，海洋学家充分研究了这北大西洋水系。这里，温暖的表面水体被风力驱动的湾流从热带吹向北极。在格陵兰岛海岸外，凛冽而干燥的冷风从冰冻的大陆表面吹来；这些风让海水蒸发，盐浓度提高，致使大洋密度变大。高密

跨洋旅行者（上图） 棱皮龟跟随环流和其他北大西洋环流中的洋流，在热带南美洲的哺育海滩和西北欧环境适宜、富含水母的捕食基地之间旅行。

度的冷水沉入深海中，形成北大西洋深海洋流。这股洋流向南流，深度在 1 500 米到 4 000 米之间，最终与来自南极的相似水体混合，作为绕极深层水流入印度洋和太平洋深处。

在一些海岸和海洋岛屿周围，风和局部地形使深海营养丰富的水体上升，被称为“上升流”；而在其他海岸，表层海水下沉到深海，形成“下降流”。二者都对海洋生物有深远的影响，为食物链提供养分，影响动物的生存环境或迁徙行为。

当然，这样的描述太过简化，但它表明海洋和海洋的各个部分在各个深度上都是相互联系的。我们也能清楚地看到，随着气候变化，变暖的北冰洋有减少下沉倾向，减少补给北大西洋深层水域，所以整个传送带将放缓甚至暂停，这可能对世界各地的天气和气候产生灾难性的后果。

鲱鱼盛宴和不速之客

现在，传送带仍在运行，而向北流动的墨西哥湾流、北大西洋漂流和挪威洋流中较温暖的水就会让西北欧的气候变得柔和。这意味着在同一纬度会结冰的水，在挪威的北极海岸仍然没有冻住，这导致了另一系列不寻常的事件。

这里的重要物种是鲱鱼。鲱鱼会集结成大型鱼群，快速移动，鱼群数量曾经很大，以至于成为商业捕捞的热门目标，许多鲱鱼聚集地遭到过度捕捞。到 20 世纪 70 年代初，大西洋东北部的鲱鱼数量锐减，导致不列颠群岛的北海渔业崩溃。 在冰岛和法罗群岛附近，鲱鱼几乎消失了，只留下了一小批春季在挪威海岸上产卵的鲱鱼。这些通常在深海中过冬的鱼，离奇地搬到了近海海域。在这里，挪威硬性规划一种专属经济区，保护尚在的鲱鱼存量。休渔期间，鲱鱼被从不可逆的浩劫中解救出来。现在，鲱鱼以丰富的种群数量回到挪威的安峡湾，它们吸引到了一种聪慧而力大无穷的捕食者——虎鲸，或者叫逆戟鲸。

清道夫（下图） 在挪威近海，逆戟鲸正冒着被渔网困住的风险，搜集从捕鱼者渔网中漏下的鱼。

旋转式捕鱼（下图） 虎鲸将鲱鱼赶进栏中，好像牧羊犬驱赶羊群一样。

简单的生活（下页） 如果跟着捕鱼船，偷走一点渔船的收获，虎鲸耗费的精力会比正常捕猎小很多。

当鲱鱼紧紧地挤在一起的时候，捕鱼就变得更容易。所以，一群虎鲸团队合作，控制鱼群。它们将鱼群隔离开来，推到水面，虎鲸吹起气泡，露出白色的腹部，激起鱼群对危险的应激反应。鲸鱼的这种方式被称为“旋转式捕鱼”，因为鲸鱼在鱼群周围不停地游动，同时不断吼叫。

白天，鲱鱼在 150 米到 300 米的深水中，要把它们驱赶上来，困在水面，可能会花费三小时。而在清晨，鲱鱼在更浅的水域，驱赶起来更为容易。鲱鱼紧靠在一起时，虎鲸会用它们有力的尾巴拍打鲱鱼，重伤猎物。然后，它们游来游去，把死去的鱼和垂死的鱼吃掉，很快，水里就只剩鱼鳞点点的银光。

研究虎鲸行为的是挪威虎鲸调查部门的首席研究员伊芙·乔丹（Eve Jourdain）。她使用了几种技术，包括无人机和与 BBC 合作开发的特殊相机贴。每一个贴片都由一个高清摄像头和另外 14 个科学传感器组成，这些传感器通过小吸盘附着在鲸鱼身上。

FUGLØYFJORD

UGLØYFJORD
TROMSØ

哇！（上图） 水下摄影师大卫・雷切特（David Reichert）忍受着低温和狂暴的大海，跟随捕猎的虎鲸拍摄。

伊芙指出："当我们贴相机贴时，鲸鱼几乎没有反应。它们只是有点儿惊讶，觉得有什么在它们的背上，但这是最不会伤害它们的方法，甚至连抓痕都不会留下。"

无人机揭示了虎鲸的攻击方法，相机贴使伊芙和她的团队能够从虎鲸的角度观察水下发生了什么。

"真的可以看到团队合作。每条鲸鱼都有自己的任务。鱼群每边都有鲸鱼，它们努力将鲱鱼群聚集起来。然后，它们向鱼群冲去，拍打尾巴。鲸鱼一尾巴可以杀死 25 条鲱鱼，随后所有的虎鲸一起分享死去的鲱鱼。"

这是一个激动人心的场面，但正如制作人乔纳森・史密斯（Jonathan Smith）所发现的，安峡湾的冬季寒冷刺骨，从空中、水下、甲板上和在虎鲸背上拍摄，是一个巨大的挑战。

"我们在那里度过了两个十一月。我们驻扎站点，直到进入极夜，太阳不再从地平面上升起。我们还待了三个一月，等到太阳重新开始出现。当地经常下雪、刮风，海面波涛汹涌——非常寒冷，我们每天只有短短 40 分钟的拍摄时机。"

北极地貌（上图） 在深冬，挪威的安峡湾没有冰，所以一群虎鲸可以贴着海岸游动，同时寻找鲱鱼群。

“我们会通过海鸟的活动来发现虎鲸的活动地点，尽管我们知道一些虎鲸可能常去的热点地带。从海面上看，很难弄清楚到底发生了什么，但在水下你可以看到鲸鱼的协调度有多高。鲸鱼身上的摄像机会带你进入画面，就好像你是鲸群的一部分，你可以看到它们是多么有组织性。”

一直在水下努力跟随鲸群的是摄影师丹·比彻姆：“虽然水真的非常冷——大概只有 5℃——我们还是穿上厚的湿式潜水服，而不是笨重累赘的干式潜水服，因为湿式潜水服让我们能在水中游得更快，以便追上敏捷的鲸群。”

然而，在拍摄过程中，制作团队遇到了一个更令人担忧的后果——因为鲱鱼数量的恢复，商业捕捞活动重启。而且随着鲱鱼数量的上升，捕鱼活动增加了，伊芙注意到虎鲸的行为发生了变化。

虎鲸等着大船捕鱼收网，就像等待晚餐的铃铛，所有的虎鲸都聚集在渔网周围。不少鲱鱼从网中溜出来，而这正是虎鲸所等待的。虎鲸是非常聪明的动物。白天，当它们发现这种现象后，就不会费劲去捕食。因为它们知道，当一天结束时，有得到食物的更简单方法……但这是有风险的。

事实上，制作团队在站点曾经发生过一场闹剧。“当渔民们试图把网拉上来时，虎鲸惊慌失措，一只年幼的虎鲸被困在了里面，”伊芙说，“小虎鲸真的是在拼命挣扎，其情景让人不禁心生怜悯。”

幸运的是，伊芙说服渔民放下了渔网。“难以置信，小虎鲸活下来了。我们原以为它会死，但最让人印象深刻的是虎鲸家族的反应。它们一直绕着船，直到最后。看到小虎鲸回到了大海，真是让人松了一口气。”

虎鲸使用声音的频率很高。捕食的过程中，它们互相大声呼叫；当幼鲸被困住时，家人不断地呼唤它。这样的动静不会被忽视，有更大的鲸鱼在倾听。座头鲸和长须鲸已经知道虎鲸的手段，它们会突然出现，把虎鲸拦到一边。闯入者向密集的鲱鱼群猛扑过去，张大嘴巴，几口就吃掉了大部分猎物，这可是虎鲸辛苦围猎的成果。

“座头鲸经常强行闯入，”乔纳森回忆道，“有 5~10 头座头鲸一同闯入——那可是一大群鲸鱼！”

座头鲸的到来是最近几年的事情，五六年前，挪威科学家首次注意到这一事件。夏天，鲸鱼在巴伦支海的斯瓦尔巴群岛附近觅食后，前往挪威海岸。深秋，它们在峡湾停留，最后一次捕食鲱鱼补充能量，随后可能在深海中越冬，然后继续前往遥远的加勒比地区繁殖，这是一个为期三个月的单程旅行。然而，并不能保证座头鲸回程会在同一个地方找到虎鲸。似乎每隔 20 年左右，鲱鱼就会改变它们的越冬地点。

捕鱼高手（右图） 用强有力的尾巴将鲱鱼圈起来，拍打之后，虎鲸一口吃掉死鱼和濒死的鱼。

北极母亲

斯瓦尔巴群岛位于挪威大陆的北部，夏天很受海洋生物的欢迎。每年这个时候食物极为丰富，吸引了座头鲸、长须鲸还有巨大的蓝鲸前来，参加聚会的还有白鲸和几种海豹。数以百万计的海鸟如海鸠、侏海雀、海鹦、刀嘴海雀、三趾鸥和暴雪鹱等季节性移民塞满了海边峭壁。但是一些北极动物处于季节性的劣势，因为冰比冬天的要少很多。

海象必须拖着沉重的身体来到海滩上。数百头海象聚集在水的边缘，但像所有大型集会一样，它们臭气熏天，不受欢迎。北极熊像海象一样依赖冰，它们在冰上捕捉海豹。夏天冰太少了，北极熊也会去斯瓦尔巴群岛的海滩。只要位于聚会的下风向，嗅觉敏锐的北极熊很快就能够从很远的地方察觉到海象的存在。当北极熊踏上海滩时，引起了巨大的骚动。

海象海滩（下图） 斯瓦尔巴群岛海滩上，一场“丑陋”或者说“杂乱”的海象聚会。大多数海象是雄性，但也有一些带幼崽的母亲。

北极熊在陆地上占有优势，所以海象会试图回到水中躲避它们。成年海象可以应付这种情况，从北极熊的攻击中挣脱出来，肥厚的脂肪可以保护海象不受牙齿和爪子的伤害。但海象仍然会紧张，特别是雌海象，因为它们的幼崽很容易受伤害，伤害不仅来自北极熊，也来自恐慌的成年海象。

在惊慌中，一头雌海象试图带着它的小海象前往大海。它们都能游过北极熊，和海滩也拉开了一段距离。可只要北极熊还在海滩上，它们就只能待在水里，不能回到岸上。海象需要浮冰来休息，由于气候变暖，现在浮冰越来越少。

最近，斯瓦尔巴群岛度过了区域内海冰减少最快、最严重的几年。2016 年的北极，夏季温度达到有史以来最高纪录。一系列事件的结合导致气温飙升。北极地区普遍变暖，除了中纬度吹来温暖的南风，太平洋出现的几十年来最严重的厄尔尼诺现象也导致北冰洋变暖。所以，夏天格陵兰岛的东西部海岸海水温度比 1982 年—

2010 年的平均水温高 5℃。事实上，近年来，北极的升温速度大约是地球其他地区的两倍。这导致了海冰减少。直到 1985 年，北极圈内 45% 的范围都有多年的海冰，几乎一半的海冰在夏天都没有融化，只有这样海冰才能逐年累积。而现在只有 22% 的海冰是较厚的多年冰，剩下的是第一年的薄冰。带着幼崽的海象妈妈需要的是厚冰。

从附近冰川上剥离的一块冰就是海象理想的安全居所，但为冰块展开的竞争是激烈的，海象妈妈们并不热衷于分享。过了好一段时间，这对海象母子才发现一块空置的冰，终于可以歇口气了。乔纳森·史密斯和摄影师泰德·吉福德见证这一艰难过程，不禁为之动容。

“你试着不受正在你面前上演的生存之战的影响，但当看到雌海象和小海象终于找到一块浮冰，小海象依偎在母亲身边时，泰德和我不由自主地从显示器上方抬起头来，松了一口气。”

护子的母亲（下图） 面对危险，带着弱小幼崽的母亲寻求海洋的安全之所。它们游得比北极熊快。北极熊是它们主要的猎食者之一。

灯光，摄影，开始！（上图）
海象对摄制组充满了好奇，而不是害怕。

没有你们的位置！（下页）
在温暖的北极，浮冰十分稀缺。已占据一处浮冰的海象正警惕另一对海象母子会鸠占鹊巢。

它们又给了一个小惊喜：母亲以“吻胡子”的方式安抚它的宝宝。“这是我有幸见过的最美丽、最温柔的时刻之一：一种经常被描绘成可怕的动物，变成了全动物界最体贴的妈妈。美妙的一刻！由于海象的脂肪太厚，它们无法感觉到正常的触感，海象母亲通过触摸它们敏感的胡须来安慰自己的后代——真正的暖心。”

这只年轻的海象还要依靠它的母亲至少三年的时间，它们都依赖于那里的海冰。如果没有冰，它们就没有任何安全的地方可以离开水面休息，而气候变化和不断上升的海水温度意味着，夏季的海冰可能会成为过去。目前，联系全球各大洋的洋流仍作为地球生命维持系统的一部分在运作，但能持续多久？接下来的日子会比较难过，不仅北极的野生动物这样，在本书接下来的内容中，你会看到更多的海洋动物也在面临挑战。

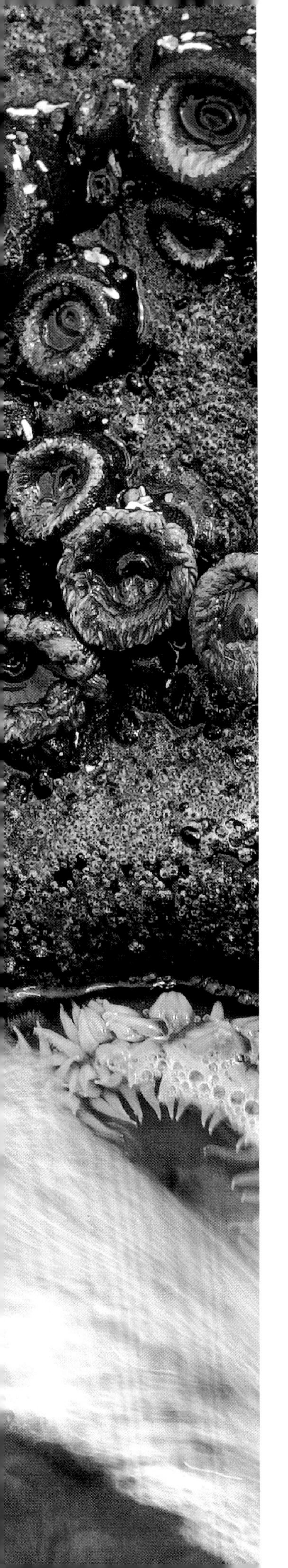

第2章

海 岸

分界线上的生活

海岸可以有很多种：岩石滩、沙滩、鹅卵石滩、盐沼、滩涂、入海口或者海边悬崖——但是所有的海岸都有一个共同点：那就是变化无常，容易出现极端情况。这里的生物被海浪拍打、烈日灼烤、冰雪冷冻，还被涨潮的海水淹没。海岸温度、盐度和光照强度总在剧烈变化，总有高温、晒干或者被冲走的危险……这些都可能发生在一天之内。

还有人类。越来越多的证据表明，早期人类沿海岸而居，以海洋生物为食，随后慢慢殖民全世界。今天，伴随着海边度假风的兴起，由于废水以及各种隐性的污染，相比起海洋的其他地方，沿海水域与千万人类居民的生活联系得更为紧密。据预测，随着人为污染的日益加剧，更多能量进入海洋体系，世界变暖，海洋气温升高，强风暴的数量和强度也会增加。这不仅会摧毁海岸的自然生态家园，也会毁掉人类的居所。

海洋生物仍然在海岸繁衍。海岸是大海中最为高产的地带，高风险，高回报，但一切都有成本。海岸上的生物必须要有能力在两个非常不同的世界之间存活下来。这就是陆地与海洋相遇的地方，也是世界上最难以生存的地带。

在两个世界之间（左图） 北太平洋海滩上，因为退潮，一条海星正濒临死亡。

冲刷（前页） 海浪侵蚀海岸，形成沙滩，海岸生物要么坚持下去，要么遁去。

到达

白天，哥斯达黎加太平洋海岸浅滩外，圆形的深色阴影出现在浅海水域。这些阴影不是无生命的岩石，而是有生命的丽龟。丽龟接连数个小时，一动不动地待在海底。它们是在休息，甚至可能在睡觉，为即将到来的一件需要费力气的事情储备能量。

临近傍晚，丽龟开始行动。它们齐刷刷游向海岸，差不多每隔 5 分钟，小脑袋在水面上下起伏，换气，好像是在为重要时刻的到来做准备。然后，它们可能得到了某种未知的信号，开始从海洋中涌出。这种水里自由自在的动物，开始在陆地上艰难生活。

一开始，只有 20~30 只海龟拖着沉重的身体从海浪中出现，但数量渐渐增多，直到海滩看起来好像一个满是灰色圆石头的传送带。成千上万的海龟将会穿越海滩。整个夜晚，丽龟会源源不断地来到这里，它们必须这样做。海龟是一群古老的爬行动物，它们仍然与陆地有着紧密联系。为了产卵这个生死攸关的目的，母亲们必须耗费几个钟头穿越陆地和海洋之间的边界，精疲力竭地离开海洋。这是一个巨大的挑战，尽管困难重重，但回报是值得的。

雨季，上弦月前几天的一个漆黑的夜晚，这些雌丽龟来到这里，把蛋埋入黑色的火山沙中。这可能是一只雌丽龟在一生中所做的最痛苦的事情之一。丽龟沉重的身体更习惯于被水的浮力支撑着，现在身体的压力都施加在内脏上，包括它的肺，这让它很痛苦。它喘息着，咳着，黏稠的泪水不断从眼角渗出。

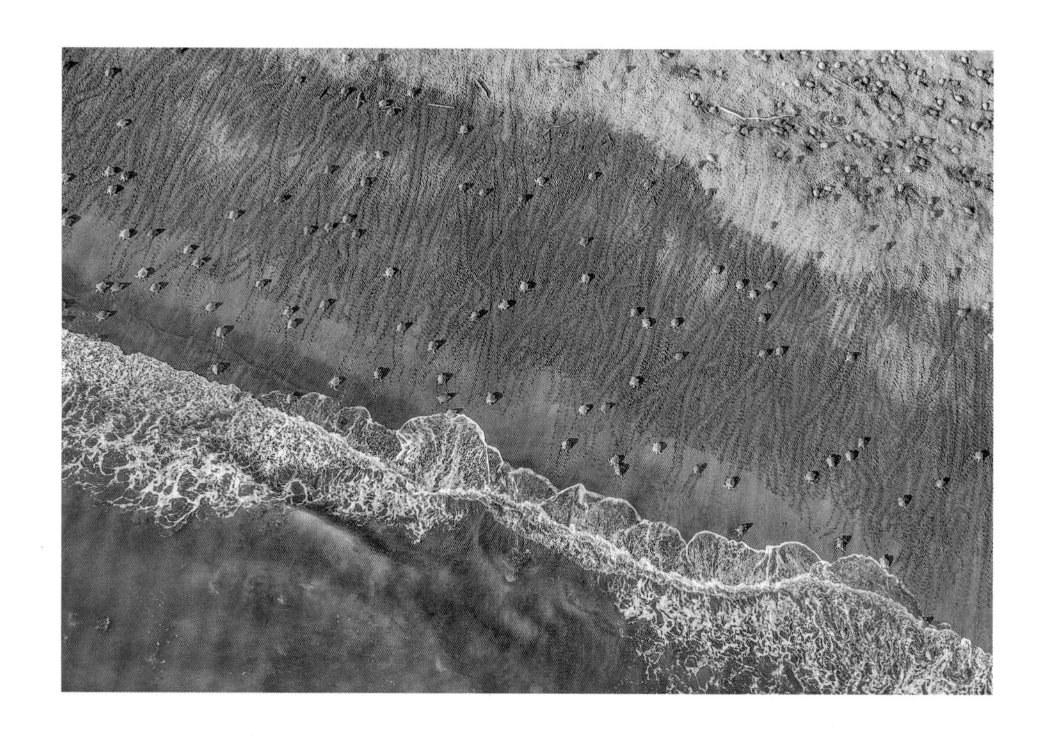

等待（右图） 丽龟是一种隐居的远洋生物。一整天，它们都在海岸附近的海域里等待着，像是在准备从水中转移到陆地。

登陆者（左图） 从大海中涌出数千只雌性丽龟，它们将卵产在哥斯达黎加海滩的沙中。

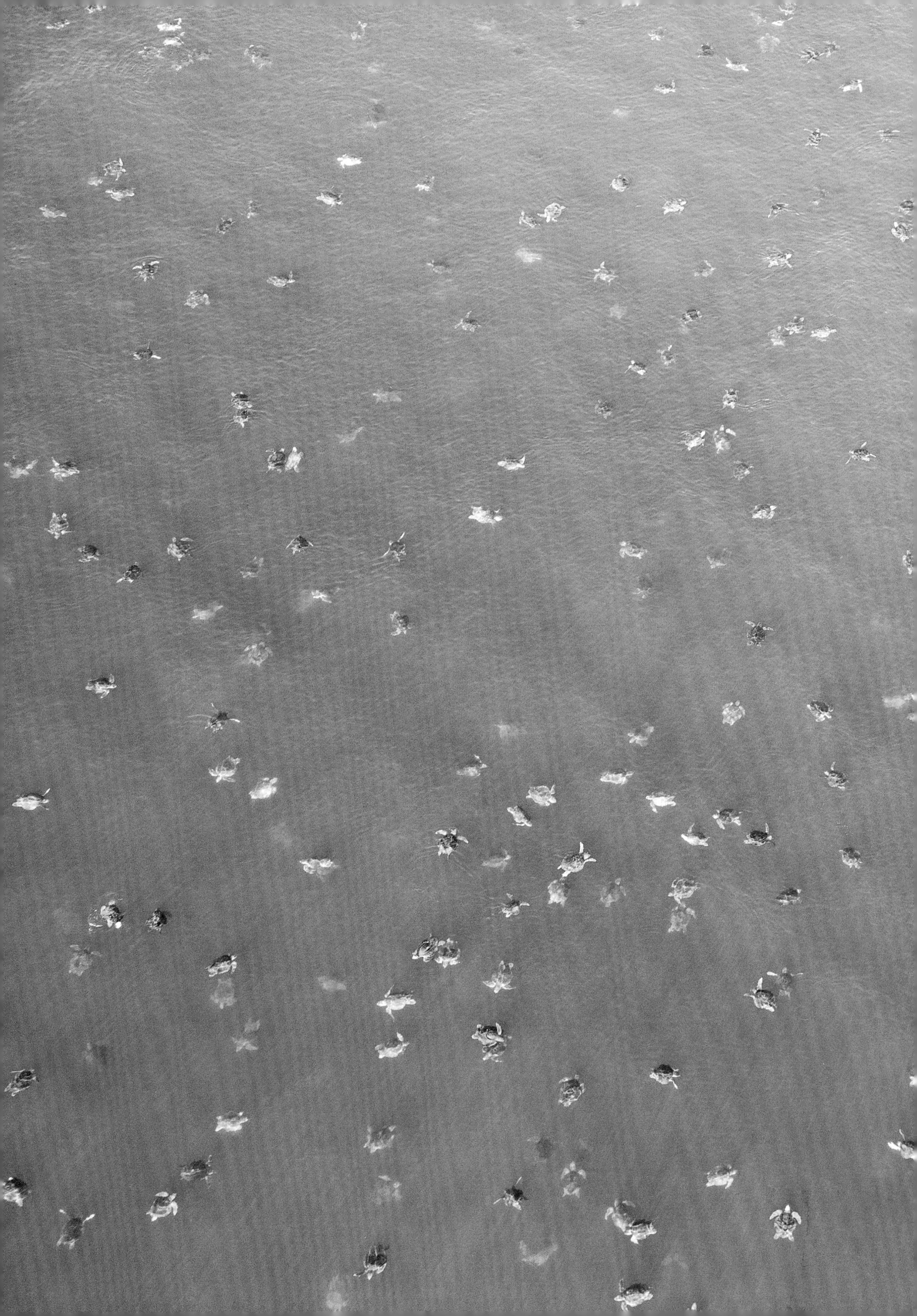

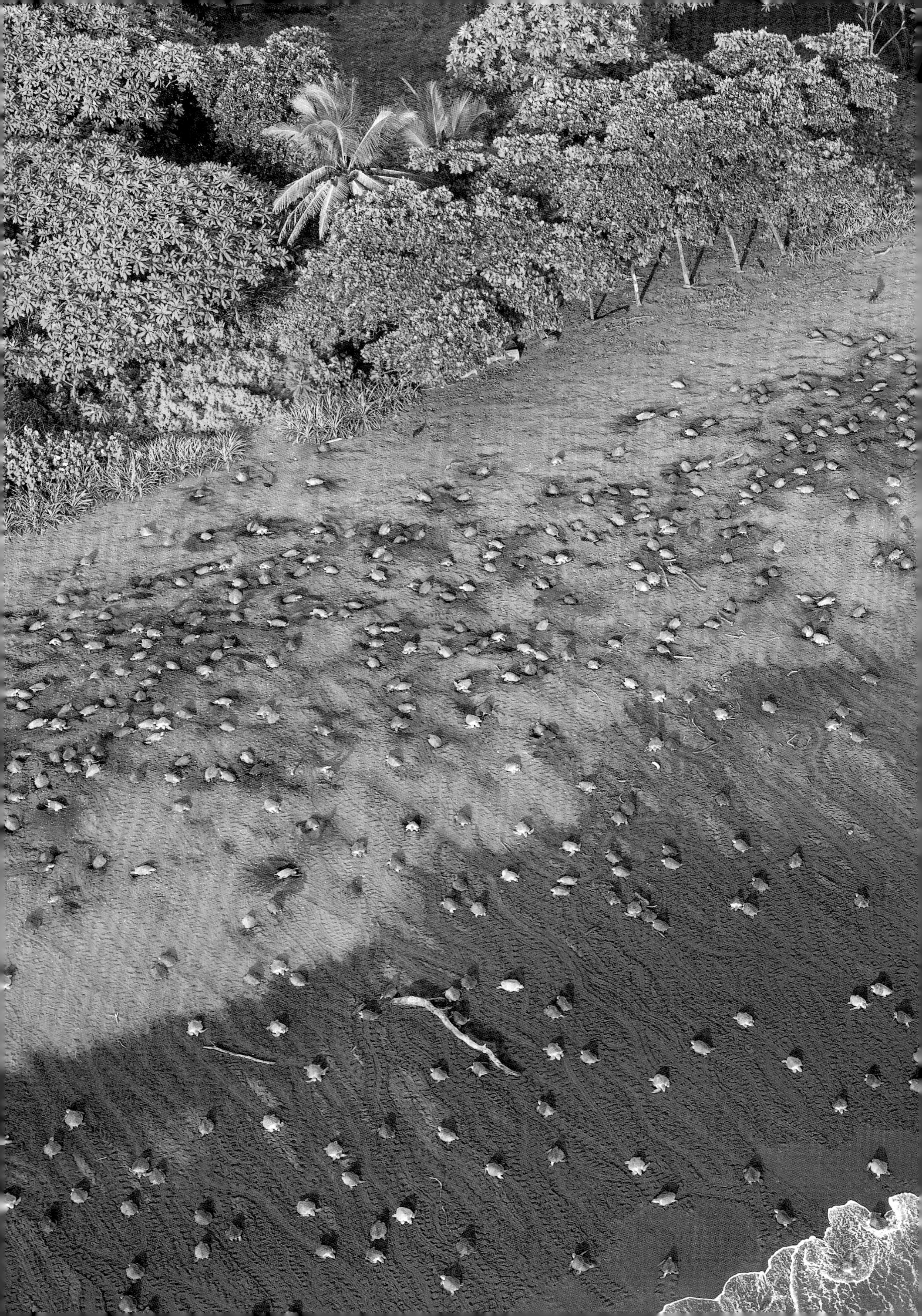

雌丽龟嗅了嗅沙子，密度和湿度如果合适，它便开始挖掘。它用像铲子一样的后肢，挖出了一个泪珠状的坑，将硕大的身体移到这个沙坑上，长吁一口气，慢慢地、仔细地产下海龟蛋，有时多达 100 个，每个蛋都是乒乓球大小。然后，丽龟用它的前鳍掩盖好这些蛋，再挣扎努力，拖着疲惫的身躯回到大海。

如果海滩上只有一只海龟，它的蛋将不会受到干扰，其中很多都能成功孵化，最后破壳而出。但事实并非如此，这里有成千上万个母亲正在同一片沙滩上挖可供产卵用的沙坑。迟到者可能会无意中挖出了早到者产下的卵，这正是偷蛋贼一直在等待的。

黑秃鹫、林鹳和大尾拟八哥冲锋在前，现在是它们的时刻。它们为暴露的卵巢争斗，有些甚至偷刚生下来的软壳蛋。竖着条纹尾巴、鼻部位尖尖的南美浣熊挖出了被埋的蛋。流浪狗和野猪也加入它们的行列，在沙子里四处觅食。好在海龟蛋足够多，短短几天内，数十万只雌龟从海洋中爬来，将数以千万计的卵安全地储存在潮汐区外。这么多海龟蛋会“淹没捕食者”，也就是说，小偷们不能全部吃光它们。晚上挖坑产卵减少了被偷蛋的风险，总有些小龟能够幸运长大。

母亲们各自回到大海。丽龟更适应独自生活在海洋中，而不是和数千同类一起挤在海岸上。但在到达深水区之前，它们必须逃过附近海里的鲨鱼和美洲鳄。过了这一关，渔网是另一重生存考验。在过去，成千上万的海龟被夹在拖船的捕虾细网里，溺死了，这导致丽龟的族群缩减。现在，当地法律规定渔民必须备有放生海龟的设备，让海龟可以逃生，这意味着将有更多海龟参与下次登陆。

海滩旅游者（右图） 迟到者来了，最早的一批海龟已经走了，后来者经常会无意中把早到者的蛋给挖出来。

黑帮当道（左图） 虽然丽龟产下的蛋很多，但两只黑秃鹫仍会为食物大打出手。它们甚至会在母龟完成下蛋和掩盖之前就开始偷蛋。

快活的喷水者

丽龟是海岸的短期游客，但在西澳大利亚丹皮尔半岛西部的罗巴克湾，有一些动物利用冲上广阔泥滩的海浪，享受丰富的食物。而且，虽然它们并没有离开大海，但它们的头确实离开了水。

红色的沙滩、潮涨潮落的河流和红树林为这片偏远的浅滩划上边界。红树林是各种幼鱼、甲壳类动物和软体动物成长过程中的避风港。不过它们要小心谨慎，不要过度自信，外面就有蓝鼻子鲑鱼和其他饥饿的捕食者。零零星星的鱼类在红树林的外缘逡巡，寻找更小的鱼、虾和蠕虫，它们也必须注意自己的身后：尽管生活在浑水中是有优势的，但这里有一种生物，不需要看到这些鱼，也可以找到它们。

在澳大利亚北部沿海不到 20 米深的地方，生活着短平鼻海豚，也被称为“翘鼻子”，经常在靠近红树林和海草的海域出没。它们很害羞，但很合群，外形类似于近亲的南亚伊河海豚。在 2005 年它被划分为一个单独的物种，助理制作人威尔·雷格恩（Will Ridgeon）发现，这种海豚是出了名的难找：“海湾的大潮意味着能见度几乎为零，所以不可能知道这种海豚突然从哪里冒出来。有一次，我们曾找到了海豚，当时它们没有在捕猎。它们非常爱社交，调皮又可爱。”

在浑浊的水中，像所有的海豚一样，短平鼻海豚靠回声定位来寻找猎物。它们的猎物有各种各样的鱼类：蓝鼻子鲑鱼、甲壳纲生物、章鱼和鱿鱼。在寻找螃蟹的时候，“翘鼻子”有时会出现在泥沼中。当捕鱼的时候，它们往往会把头露出水面，四处张望，这是一种被称为“浮窥”的动作。接下来，它们做了一些很不寻常的事情：它们喷出一嘴的水。

喷水（左图） 一头澳大利亚短平鼻海豚用喷水来迷惑猎物。喷水是这种海豚独一无二的技能，它是伊河海豚的近亲。

澳大利亚独特景象（上图）
短平鼻海豚是害羞的，它们会躲开船只。在罗巴克湾浑浊的水中，又很难看见这种海豚。虽然并不是最会“耍杂技”的海豚，但短平鼻海豚会浮窥、尾巴拍打水面、挥舞鳍形肢，有时候从水面低跃而出。

这口水可以喷到几米外，经常被用来作为一种“工具”，用来惊吓或迷惑猎物。海豚可以非常精准地将水喷在鱼头顶上，这样就可以从鱼的身后干扰它们。鱼立刻慌乱起来，撞进短平鼻海豚张开的嘴中。“有些短平鼻海豚看起来比别的海豚更会喷水，能够抓到更多鱼，”威尔注意到，“喷水一定有技巧。”

威尔和 BBC 摄制组成员拍摄到一只海豚喷水捕鱼的画面，验证了海豚的这一独家技能。在此之前，澳大利亚的科学家们已经观察到，海豚在一起打猎时会使用喷水这一技能。此时，鱼群躁动起来，海鸟也加入进来，从空中俯冲直扑向鱼。但在获得这张照片之前，还没有看过一个海豚单独使用这一技术直接捕鱼。

不过，现在人们在担心，能够看到这种行为的时间不多了。和很多种沿海海豚一样，短平鼻海豚很容易因栖息地退化、水下噪音而受到伤害。这些会导致它们免疫系统退化，更容易感染疾病。而澳大利亚渔民直到现在依然在猎食短平鼻海豚。在罗巴克湾，BBC 拍摄到三分之二的海豚是受伤的，可能是被船撞到的，或者是被捕鱼工具伤到的。现在短平鼻海豚的数量还不明确，但估计全世界最多有 1 万头成年个体，大部分生活在北澳大利亚海滩附近。

快抓紧

在狂野多风的海岸上，任何生命要抓住光滑潮湿的岩石都不容易，但藤壶和帽贝却能做到，它们紧紧抓住岩石表面。藤壶是一种甲壳类动物，身体四周边缘是圆形甲片，顶部在涨潮时打开，落潮时关闭，以防变干。它可以生活在最暴露的地方，因为它能通过触角底部的腺体，用特殊的胶合剂将自己黏在裸露的岩石表面。事实上，它仰面朝天地躺着，用前额将自己固定在石头上。

帽贝是一种圆锥形的海蜗牛，它的壳上没有任何螺旋。帽贝有黏性很强的黏液、有力的肌肉提供吸力，将自己固定在岩石上。与藤壶不同的是，它可以四处移动，尽管它总是在潮水退去之前回到原来的位置。岩石上，它留下被称为“家的瘢痕”的椭圆形小痕迹。它清除了岩石上的海藻，以获得最大的黏附力。帽贝用齿舌或者说长满牙齿的“舌头”从石头上刮取海藻为食。它的牙齿材料是自然界中最坚韧的物质之一，其抗拉强度是人类牙齿的 13 倍。

一旦帽贝就位，它就很难再被移动。不过大龙虾会用螯砸碎它们的壳，蛎鹬也试图将它们撬开，但最大的杀手是蝌蚪形状的南非巨喉盘鱼。研究这种行为的是著名的海洋生物学专家克雷格·福斯特（Craig Foster）。他在过去的 6 年里一直在福尔斯湾海域潜水，试图更好地了解居住在此地的生物。他发现，这种鱼相对竞争对手而言，更擅长捕捉巨浪中的和在锯齿状岩石上栖息的帽贝，而其他捕食者难以进入这种危险区域。

克雷格透露，“喉盘鱼能在这里生存下来，靠的是吸盘。吸盘是由它身体下面的腹鳍形成的，功能非常强大，能承担它自己体重 200 倍的重量，而且在吸盘垫上的特殊刚毛可以防止它在光滑的、覆盖海藻的岩石上打滑。在潮汐之间，它会游到自己洞穴这一安全之所，然后把自己翻转过来，吸附在洞顶。吸盘有助于它保存能量，而无须对抗水流的冲力。”

扭开贝壳（右图）

1—2 巨喉盘鱼看着上方的一个丰满多汁的帽贝。帽贝正结结实实地长在石头上。喉盘鱼在对方还没有来得及做出反应时，就一口咬住了帽贝。

3—4 巨喉盘鱼将身体扭成 90°，拧掉帽贝的吸力，将它从石头上拉开。

1

2

3

4

喉盘鱼在洞穴里游荡，等待涨潮。帽贝刚没入水中，它立刻第一个下手。喉盘鱼的另一个特质——巨大而突出的门牙，此时发挥了作用。人们曾认为喉盘鱼是用门牙将帽贝从身下的石头上撬开的，但是克雷格发现，事实要复杂些：

“拍喉盘鱼并不容易，因为它既害羞又行事隐蔽，而且它捕捉帽贝的瞬间只有大约 1/3 秒。我用了一年的时间来拍摄这种鱼，拍摄速度是每秒 240 帧，可以将它的动作慢放 10 倍来观看，录像显示了从未观察到的景象。

“攻击前，喉盘鱼会先活动身体，它的鳍颤抖着，身体绷紧。然后，它用锋利的牙齿咬住帽贝壳，将其旋转 90°，就像我们打开瓶盖一样。这个扭转的动作打破了帽贝足所产生的真空密封性。喉盘鱼用嘴将帽贝翻过来，它只能连壳吞下身体朝上的帽贝。当帽贝柔软的部分被消化掉后，壳就会存在胃中，好像胃里锁着一个帽子，裹在润滑的黏液里，随后被单独反刍出来……”

X 射线照片证实了帽贝的壳堆积在鱼的前肠。克雷格指出，在南非的其他地方，人们最初以为喉盘鱼，特别是巨喉盘鱼会撬开帽贝。但是在克雷格福尔斯湾的研究站这里，所有的喉盘鱼都采用同样的“扭开瓶子”的方法，这是一个新的发现，也是“第一次”被人类用视频抓拍到。

吮石者（右图） 南非的巨喉盘鱼，又称吮石者，体长约 30 厘米，是喉盘鱼家族最大的成员。

堆积的碟子（下图） 喉盘鱼将整个帽贝连壳囫囵吞下。壳被反刍后整齐地叠起来，就好像厨房的碟子一样。

岩池难民

栖居在潮间带的生命通常受涨潮和落潮威胁，尤其是在冬天暴风雨的时候，但是潮汐也会给一个地方带来帮助，那就是潟湖。每天，潟湖里都装满了新鲜的海水，当潮水退去、翻涌停止的时候，池子中就会有一段宁静的时间。池中的居民开始从栖身之处走出来。海星和寄居蟹通常是最早出来的，随后是海兔和小鱼。这些生物都有一个共同的缺点：它们可以在潮间带居住，但还不能一直离开大海生活。

海星是潮流的引领者，它们可以改变这个小潟湖的面貌。杰出的美国生态学家罗伯特·T. 佩恩（Robert T. Paine）曾研究海星，他发现潟湖外面的贻贝生长得很好，因为海星每天中只有一半的时间攻击它们，准确地说，只在涨潮时袭击它们。潟湖中的贻贝无论潮起潮落都会被攻击，所以这里贻贝很少，其他海洋生物有更多

偷偷摸摸的猎手（下图）

1. 一个海星挪动它数百个纤小的管状足，顺畅地穿过海床，溜到透孔螺身旁。它用腕足末端的那些微管识别出了透孔螺的气息。

2. 海星溜进来杀透孔螺，但是透孔螺拉起自己短裙状的套膜时，海星被恶心到了。

3. 如果海星仍坚持攻击，一条鳞沙蚕虫便探出头来，啃食海星的脚。

4. 海星又嗅到了新的猎物，透孔螺和鳞沙蚕虫活了下来，它们可以继续为明天而战了。

1

2

空间。这令佩恩将海星视为“关键物种”。关键物种是佩恩发明的一个术语，用来强调对动物社群有重大影响的动物，虽然这些动物的数量可能比较少，但它们却影响着很多其他动物的生活，决定生态系统中的其他种群的类型和数量。

海星在它的领地上巡视着，它的数百个管状足在行走，腕足的尖端敏感地探测着水中的味道和可能的食物。透孔螺是个目标，但是这只透孔螺的贝壳里藏着一个秘密的安防措施。

海星一碰上透孔螺，后者便打开了一个保护性的裙边。透孔螺从下方石头上站了起来，身高一下增高了一倍，平时藏在身下的套膜也展开了，现在它护住贝壳和柱状足。这个套膜组织非常滑，使刺探猎物的海星扑了个空。不过，如果海星没有知难而退，透孔螺还有后招。在它的壳下生活着鳞沙蚕虫，鳞沙蚕虫伸嘴便咬，啃咬海星的管状足，这招很有效，海星撤退了。

3

4

来自潟湖的生命

潟湖和它们的居民靠潮水的补给生活。它们的邻居是一些勇敢踏足陆地的海洋移民，它们将潟湖和大海本身视为潜在的死亡陷阱，因为这里总有需要躲避的潜在捕食者。离开水后，这些生物又暴露在新的危险中，例如掠食性的海鸟。要在这里生存，它们或者要根据石头和海藻伪装自己，或者要身手敏捷。

颜色亮丽的红石蟹采用了第二个策略，它们成功地从大洋转移到陆地，但仍然需要依靠海洋。它在潮间带的海沫中生存和进食，需要海水来繁殖。蟹妈妈带着它

红石蟹[1]**（下图）** 这些色彩斑斓的螃蟹生活在多风海岸的岩石中，主要以海藻为食。它们极其敏捷，几乎无法被捕捉，除非对手是一条海鳗或者章鱼。

① 又名 Sally Lightfoot crab，Sally 是一位加勒比舞蹈演员的名字。

的卵，一直等到它们孵化，然后小心地把它们放进海里，让它们到大海中去成长。

据说，这种螃蟹的名字来自于一位加勒比舞蹈演员，这是指它在岩石间跳跃和翻越池塘时敏捷得像跳舞一样。它移动速度很快，难以捕捉，所以捕食者必须有一些技巧才可以网到一只螃蟹。制作人迈尔斯・巴顿就发现了这一技巧。巴西的生态学家、电影制作人乔奥・保罗・克拉耶夫斯基（Joao Paulo Krajewski）邀请迈尔斯到巴西最东边的费尔南多－迪诺罗尼亚群岛中的一个海岛上，在那里迈尔斯和他的船员们看到了一个五颜六色的世界：

链蛇鳝的埋伏（上图） 链蛇鳝平均体长大约 45 厘米，最长可以达到 65 厘米。它们离开水面来捕捉螃蟹，可以在岩石没有水的地方守候多达 30 分钟。

“红石蟹非常特别：一群红黄相间的螃蟹沿着海潮边缘行走，它们以刚被海水带上来的海藻为食，同时小心翼翼，以免落入水中。它们似乎很排斥水，然而，有时它们会被潮水困在岩石上，不得不游泳逃生。一旦陷入极度的恐慌中，它们就会在水面上奔跑，几条腿疯狂地划动。这多是因为海水中有海鳗，海鳗喜欢这些螃蟹。

“海鳗有两种策略，一是尾随，一是攻击。一些海鳗跟随潮水在螃蟹临时歇脚的岛屿上截击它们；另一些海鳗躲在潟湖中等待螃蟹经过。因此，螃蟹在靠近潟湖时非常小心，它们减缓速度，小心移动，以免引起注意，因为海鳗对快速的动作很敏感。

“这里的链蛇鳝与其他海鳗的区别很大。链蛇鳝有粗大的尖牙，有些甚至像臼齿，非常适合捕捉和粉碎螃蟹。它通过潜伏接近目标来捕猎，观察猎物的每一个动作，预测伏击的最佳地点，像蛇一样，把头伸出水面，快速逮抓住猎物。”

捕蟹者（上图） 链蛇鳝是为数不多的用磨牙挤压甲壳纲生物的海鳗，其他海鳗大多牙齿尖锐，以鱼为食。

威尔·雷格恩和摄影师丹·比彻姆一同工作，在陡峭而光滑的石头上排除万难，要在正确的时间出现在正确的地点。

“试着预测链蛇鳝会在何时何地展开袭击真的不容易。我们跟随一条看起来在捕猎的链蛇鳝，一路猜想它跟踪的螃蟹在哪里。链蛇鳝的袭击像闪电一样快。很多螃蟹身上都有打斗留下的伤痕。为了保证能够吃上东西，链蛇鳝要攻击螃蟹的甲壳。如果只是抓到一条腿，螃蟹会抛弃那条腿，然后逃生。”

因此，小螃蟹会被链蛇鳝用牙砸碎后整只吞下，而大螃蟹通常会丢掉一条腿弃车保帅，毕竟它们还能再长出一条腿。

如果链蛇鳝没能抓到海蟹，它有可能会选择爬到岩石上，在邻近的池塘中伏击，这样它暂时变成了陆地捕食者。但是如果它在远离水域的地方遇到了猎物，螃蟹一定能逃走。在陆地上，链蛇鳝的灵敏度远不及红石蟹。

在这片海滩的同一块地方，曾有人看见年幼的章鱼以惊人的速度从水中跃起，抓住岩石上的螃蟹。章鱼将螃蟹带到海面下，将它们罩在腕足间的网纹皮肤下，用像鹦鹉一样的喙将这些螃蟹肢解。威尔落脚时不得不小心些。“这些章鱼好斗得令人震惊。我们走过的时候，它们竟会朝我们跳过来。”

“但是这些章鱼真的是意外收获，”迈尔斯说，“章鱼比链蛇鳝要常见，它们的伏击地点更容易预测，所以我们只付了去看一个猎手的钱，却看到了两个猎手。”

独自工作（上图） 在费尔南多—迪诺罗尼亚群岛一个迷人的岛屿上，野生动物摄影师罗德·克拉克（Rod Clarke）耐心地等待着螃蟹们活跃起来，鳗鱼开始捕猎。

海浪袭来（右图） 红石蟹会尽可能靠近水，以进食最新鲜的藻类。如果一个大浪突然打来，它们将身体紧贴在岩石上，用有力的蟹腿紧紧抓住岩石。

离开水的鱼

现代鱼类很少会从海洋迁移到陆地，但仍有一些鱼会这样做。在准备伏击的过程中，链蛇鳝可以离开水 30 分钟，而弹涂鱼则用它们的鳍来跳跃，保卫自己在红树林的领地，或者在退潮的时候向异性求爱。然而，密克罗尼西亚的太平洋高冠鳚将陆地生活带到了新的高度。它的整个成年生活都是在浪溅带和潮间带里度过的。

这条 8 厘米长的高冠鳚伪装得很完美，它与海藻覆盖的岩石背景完美融合，躲避了鸟类、螃蟹和蜥蜴等所有潜在捕食者的窥视。它以黏液菌为食，会用牙齿将黏液菌从岩石上刮下，并且喜欢食用在退潮时裸露出来的海藻。在潮位适中时，这种鱼最活跃的状态能够持续 4 个小时，活跃时间主要是白天不太热的时候。涨潮时，海浪拍打着海岸，高冠鳚爬到岩石上或隐藏在裂缝中；水位低时，它们撤退到潮湿的角落以保持水分；水位居中时，它们会成群结队沿着大海边界站着，像孩子玩抓人游戏一样躲避海浪，寻找食物。高冠鳚这种出行方式很独特。

如果捕食者发现了它们，或者大浪干扰它们，它们就可以跳到更高的地方——它们也因此而得名。其秘密在于它们的尾巴，可以扭到 90°，从而推动它们敏捷地从一个地方跳到另一个地方。就在这时，迈尔斯・巴顿发现了它们的藏身处。

“第一眼看去，这些高冠鳚伪装得太好，几乎很难在棕色的岩石上发现它们。只有当波浪出现时，你才会看到银色的闪光，因为它们的身体会反射太阳光。如果仔细观察，你就能看到它们是运用平展得像桨一样的尾巴，蹬着岩石，把自己弹到空中。”

高冠鳚也可以凭借尾巴从一个洞跳到另一个洞中，为的是找到伴侣。这种鱼很好地适应了陆地上的生活方式。它在陆地上进行社交、追求配偶和产卵。

在水位适中的时候，雌性的进食时间比雄性长。如果一条高冠鳚靠近另一条不到 20 厘米，它们会亮出红色的背鳍，将皮肤颜色变成黑色以示敌意。食物竞争令它们攻击性加剧，只有在涨潮或者水位低的时候，许多雌高冠鳚因为挤在同一个岩石掩蔽处，才会发生这样的情况。

雄鱼倾向于避开其他雄鱼，因为它们是领地性动物。如果两条雄鱼见面，它们会使用相同的警戒信号，不过雄鱼身体上的红色会比雌鱼淡一些。雄鱼的领土是在浪溅区的一个石洞，这里方便存放鱼卵，而且，当准备好繁育下一代的时候，它会猛烈地点头，以吸引雌鱼，这种方式和蜥蜴很像。雄鱼的头上有冠，这令它的点头更引人注目，它可以向 2 米以外的雌鱼点头示意。

拍动的鳍（右上图・左） 雄性高冠鳚向雌鱼炫耀明亮彩色的背鳍，进行求偶。

岩石上的巢穴（右上图・右） 这条雄性高冠鳚占据了一个大岩石间的洼地巢穴，所吸引的雌鱼也最多。它会保卫巢穴中的卵，但幼鱼会先在海中进行发育，再回到陆地。

陆地上笨拙的鱼（右下图） 高冠鳚在进食岩石上的海藻。这种不同寻常的生活方式曾让科学家认为它是一种陆生物种。

进餐时间（上图） 高冠鳚群居在水的边缘，以海藻为食。它们很小心，以防止被海浪冲走。

“一块岩石上有些雄高冠鳚，它们彼此间的距离约为 30 厘米，”迈尔斯回忆道，“岩石最上方的雄高冠鳚有一个巨大的巢穴，位于一个扇状岩石附近，这条鱼成了我们的明星。每当有雌性高冠鳚出现在它的下方，它就会变成黑色，兴奋地扭动。它抖动着会闪光的橙色背鳍，直到雌鱼靠近并进入它的巢穴，然后它随后也跟了进去。它吸引了最多的雌鱼，尽管如此，我注意到有一条雌鱼拜访了三条雄鱼。‘不要把所有的鸡蛋放在一个篮子里’的说法出现在我的脑海中。”

雌鱼选择了一条或两条雄鱼，将卵藏在洞内，然后由雄鱼进行授精和保护。幼鱼是留在洞中，还是被海水冲走，或者自己跳到海洋在那里长大，这尚不清楚。不过新南威尔士大学的特里·奥德（Terry Ord）一直在关岛研究高冠鳚，他几乎可以肯定：幼鱼要在海洋中待 25 ~ 35 天，然后以稚鱼的形态重新回到陆地上，随后度过它们离开水的一生。

近距离接触（上图） 摄影师罗德·克拉克需要站在陆地和海洋的边界上，不能打扰到那些鱼。

即便如此，高冠鳚是鱼类，鱼类就需要水。不过它们需要的水只要有一点儿喷淋的量，就能让它们的鳃和皮肤保持湿润。皮肤就像是一种外置的肺一样，直接从空气中吸收氧气，这更像是两栖类动物的皮肤，令研究进化的奥德博士相当意外。

也许是数千年前，甚至数百万年前，没有人能够确定，当高冠鳚的先祖迈出殖民大陆的第一步时，可能曾以相似的方式进行过伪装。这些海洋中的祖先居住在和它们颜色相近的海岸边，只不过水更深，所以早期高冠鳚的皮肤保护色，能够让它们从海洋到陆地的转移稍微简单一点。

高冠鳚为我们提供了一个机会，让人们从现存的动物身上观察从海洋迁移到大陆的过程。奥德博士和他的同事则见证了演化历史上独特的一幕，理解过去发生的事情。

海鸟城市

繁殖季节，海鸟占领了沿海的海岛。在浪溅带和潮间带的岩石上，海崖矗立，这里有海鹦、海鸠和其他海鸟的巢穴。这些海鸟生命里的大部分时间都是在海上度过的，它们在海里潜水，在水下挥动粗短的翅膀追逐鱼和乌贼。但在繁殖期，它们必须离开大海回到陆地上。海鹦自己挖巢穴，或使用悬崖顶的兔子洞，而海鸠占据更低的岩架，这往往会形成有成千上万只鸟的繁殖地。

北极夏天短暂，每天日照时间很长。巴伦支海的霍恩岛是挪威最东边的地方。这里栖息了超过 15 000 只常见的海鸠和 7 800 只大西洋角嘴海雀，和它们一起在悬崖上的还有三趾鸥、刀嘴海雀，以及鸬鹚。附近筑巢的是银鸥群和零星的一对对黑背鸥。

研究人员对于海鸟以如此大的数量聚集在此有不同的意见。一些人说这是出于“让捕食者疲于应付”的目的，有这么多的鸟蛋和小鸟，捕食者很快就吃饱了。集体防御捕食者的力量也会壮大，大量海鸟在空中盘旋，可能会迷惑潜在的攻击者。另一方面，海鸟的据点非常嘈杂，充满恶臭，而且在相当远的地方就能闻到，相当显眼，可能会招致攻击和伤害。不过，这样做还是有好处的。

悬崖上的鸟儿们观察那些从远方捕鱼归来的同类，找出从哪些方向归来的鸟喙里叼着小鱼，捕到了猎物，借此判断出最佳的捕鱼方位，然后自行前往。鸟儿会利用集体的智慧，而这座“城市”已经变成了一个信息中心。空中捕食者一直是个潜在威胁，对鸟儿来说，往返的途中，都可能充满危险。

北极贼鸥像海盗一样追逐和骚扰回来的鸟儿，直到它们反刍或放弃来之不易的猎物，然后再吃掉这些食物。这对筑巢的鸟儿来说可能是一个严重的挫败，因为它们可能已经绕了 100 多千米。每天之所以飞行这么远才能找到食物是因为：

一是附近可捕食的鱼已经被渔民捕捞殆尽，曾经在家门口就有的稳定的鱼类资源，现在已不复存在；二是气候变化和海洋变暖影响了浮游生物的分布，这些浮游生物养活了两种鱼类——沙鳗和多春鱼，他们是海鸟的重要食物。这些鱼全部迁至东北部较冷的水域，所以鸟类不得不飞向更远的海域。食物被贼鸥抢去，对于这些鸟儿来说，浪费了至关重要的时间，也会让小鸟挨饿。这只是海鸟在这种易守难攻的地方筑巢的诸多妥协之一。

在岩架上筑巢有利也有弊。虽然小海鸠从一出生就面临危险，但也有利于大多数雏鸟保持健康。如果雨滴落在海鸠蛋上，通常会形成水滴，而不会顺着蛋壳流下，这令鸟蛋能够保持自身的清洁，从而让小鸟健康孵出。一般情况下，鸟蛋通常不会从岩架上摔下来，但父母们在着陆或起飞时，有时也会不小心把鸟蛋撞下去。孵化出的小海鸠也必须确保自己不会从岩架边缘跌落。而且，出生只有 20 多天时，年幼的小海鸠就必须从悬崖上跳下来。迈尔斯・巴顿和摄影师巴里・布里顿有一年在一个特殊夜晚，曾目睹了所有幼鸟一起准备跳下悬崖的情景。

过度拥挤（上图） 在挪威霍恩岛的峭壁上，几乎每一个岩架上都挤满了筑巢的海鸠。

“这时的雏鸟还不会飞”迈尔斯描述他的观察，“它们拍打着小翅膀企图阻止下坠，但显然不起作用。数量巨大的雏鸟像雨点一样从悬崖上掉下来，身后跟着的是它们的父母。鸟儿们‘扑通扑通’地落了一地。我们周围、岩石上，到处都是。其中还有掉在植物上的幸运儿。手忙脚乱的双亲和与父母分离的雏鸟互相呼唤，空气中回荡着鸟鸣。又隔了几个小时，成千上万的雏鸟才全部完成跳跃，这是一种防止被猎食的方式。一对黑背鸥夫妇已经吃饱喝足，并不关心剩下的小毛球走向悬崖跳向大海的场面，虽然它们还在继续。接下来，小鸟们又跳进了岩石周围的碎浪里。那真是奇妙的一夜，我们永生难忘。”

幼鸟一碰到水就自然会潜水。它们由父亲照顾几个月，随后要自力更生了。但它们最终去向哪里，却令挪威自然研究所的托恩·克里斯汀·雷恩森（Tone Kristin Reiertsen）感到困扰，他研究这些鸟类已经有好几年了。

“整个冬天，霍恩岛所有的海鸠都留在巴伦支海东南部。这令人惊叹，因为那里冬天条件恶劣。它们也会潜到极深的地方，180 米处，但只在隆冬。它们是如何度过冬季的，这是一个谜。”

有时，因研究而想到的问题要比答案多。研究结果表明：海鸠有着非凡的挺过困难的能力。在几周内，这些小鸟以陆地生物的身份，向海洋出发，变成水生动物，既能翱翔于天空，又有出色的潜水能力，这真了不起，毕竟这些小毛球在离开鸟巢的时候，比一只仓鼠重不了多少。

在水下飞行的海鸠（上图） 海鸠在水下游泳似乎轻松自在，就像在空中飞行一样，用它们的翅膀向前推进。它们寻找小的浅滩鱼，如沙鳗、多春鱼和玉筋鱼，有时潜到 180 米深处，并能够在水下停留几分钟。

大自然的小丑（右图） 大西洋角嘴海雀和海鸠一样，在回程的时候要躲避北极贼鸥。

陷阱！

在东太平洋加拉帕戈斯群岛，一个同样有趣的故事正在上演。在这个故事中，岛屿本身扮演了一个重要的角色。故事发生在伊莎贝拉岛北端的沃尔夫火山的底部，当地的老鹰、苍鹭和海鸟正在观察它们的邻居——一群加拉帕戈斯海狮。它们知道，一些非同寻常的事情即将发生。

海狮既能在陆地上，也能在海洋中生活得很滋润，它们用这种能力在两个非常不同的世界中建立起自己的优势。一群海狮去捕鱼，不是捕鲭鱼或其他小鱼，而是巨大的黄鳍金枪鱼，这是一种最有可能出现在我们餐桌上的鱼类。

黄鳍金枪鱼的平均体重可达 60 千克，并不弱小。它游泳时肌体的温度比周围的海水高，这种表皮非常光滑的鱼在水下的速度可以达到每小时 65 千米。借助这样的力量，黄鳍金枪鱼能甩掉大多数大型海洋捕食者。但是当黄鳍金枪鱼被鱼群诱惑，接近伊莎贝拉岛的时候，它们将会遭遇灭顶之灾。

晚餐（右图） 一只加拉帕戈斯海狮以黄鳍金枪鱼为食，而一只苍鹭则在等待残羹剩饭。

逼近（下图） 海狮把黄鳍金枪鱼群聚集在一个狭窄的海湾里，在那里鱼无法逃脱。这样，大脑发达的海狮就能靠智慧赢得速度更快的黄鳍金枪鱼。

加拉帕戈斯群岛的海狮并不散漫。公海狮可以长达 2.5 米，重达 360 千克，它们在水中快速而灵活，但它们的速度无法与大型金枪鱼相比。然而，它们的大脑比鱼更大、更复杂，也更会动脑筋。

渔民们在 2014 年首次发现了海狮的特殊行为，而 BBC 摄制组则第一次将这种行为拍摄下来。人们不敢相信自己的眼睛。当金枪鱼群靠近小岛的时候，海狮快速出击，将鱼赶向岸边。它们选择了一个逐渐收窄的海湾，这样鱼就进入了一个陷阱。助理制作人雷切尔·巴特勒（Rachel Butler）目睹了事件的经过：

“海湾的地形揭露了海狮选择这个特殊地点的原因。火山熔岩形成了迷宫般的小海湾，这些小海湾相连，形成一条从开阔的海面通往‘杀戮海滩’的通道。我们把这条通道叫作‘花椰菜’。当看到海狮在靠近通道的洞口处加速时，我们就知道它们的狩猎开始了。

“它们非常具有战略性，由一只海狮发起这场狩猎。如果狩猎的一开始有浓雾阻碍，我们还能听到它们互相呼唤交流，就像足球场上的足球运动员一样。起初，我们认为这种行为是随机的，每一只海狮都因饥饿而狩猎，但直到我们用一架无人机从空中俯拍，它们的计划才清楚可见。

“这里总是有一个‘老司机’，通常是一头大个雄性海狮，我们称它为‘格雷先生’。你会看到另一头海狮离开队伍并堵住外逃的通道，让金枪鱼留在浅滩。小海狮会从侧翼袭击鱼群，把鱼群驱赶到越来越浅的水域。为了躲避攻击，金枪鱼从水里跳了出来，跳到岩石上，或者海滩上，拍打着鳍。海狮立刻就抓住这些金枪鱼。

致命一击（左图） 鱼被狠狠一口咬在头上，拖下水去。

拍摄中（左图和上图） 除弗里斯基海狮（包括强大的公海狮）之外，摄制组还不得不小心那些偷吃的加拉帕戈斯鲨鱼。

方便进食的小块（右图） 海狮一般会吞食猎物，它将金枪鱼暴力撕开，分成方便进食的小块。

“海狮抓到鱼后，立刻咬住鱼头骨后的地方，就像渔夫一般折断鱼的脖子。然后，它用令人难以置信的力量把金枪鱼扔到空中，这种像挥鞭一样的力量能把金枪鱼击成碎块。这时，所有的鸟都冲过来捡起杂碎，当然，水里也有血，鲨鱼被吸引过来了！”

加拉帕戈斯群岛的鲨鱼是出色的机会主义者，而大些的真鲨也不畏惧海狮，还会冲上去咬几口，故而许多海狮身上都有伤痕。这些鲨鱼非常好奇，水中有任何扰动，都会去看看。这样的场景让它们闻讯而来，并与海狮争夺金枪鱼。海狮付出了艰苦的劳动，驱赶鱼群，而鲨鱼强行硬闯，甚至会游到让自己背部都暴露出来的浅水中。在捕食狂欢的末尾，金枪鱼和海狮都可能会受伤。

“鲨鱼非常好斗，”雷切尔指出，“我们的紧张是合情合理的。鲨鱼还会跳出来咬摄像机，我们坚持要求水下摄影师必须穿戴具有金属网的防鲨服，而且还有一名潜水安全员带着防鲨棒阻止鲨鱼靠近。不过，观察一群配合默契的海狮合歼一群大型金枪鱼，迫使金枪鱼离开水面，跳到岩石上时，聪明的海狮让我着迷。”

鲸脂墙

在加拉帕戈斯群岛附近的金枪鱼要应付海狮和鲨鱼。而在南大西洋的一个岛上，一种体形巨大的海鸟长有攻击力更为可怕的“铁掌”。它们用这双“铁掌”奔跑，或者说，摇摇摆摆地蹒跚行走。

冰雪覆盖的大山前方，南乔治亚岛圣安德鲁斯湾的海滩和腹地连成的大片区域里，生活着许多企鹅。大约有 15 万对企鹅在此筑巢，这里是世界上最大的王企鹅繁殖地之一。王企鹅站立时将近一米高，是现存企鹅中第二大的（帝企鹅比它们高 10 厘米），雄性比雌性大一点。

小心行走（下图） 返回的王企鹅小心翼翼，生怕打扰到“海滩主人”——强壮有力的象海豹。

每对企鹅都会下一个蛋，时间在十一月到来年的四月之间。但是，因为雏鸟需要 13~16 个月才能羽翼丰满，一些父母可能会在哺育季节尾声便带着一个 12 个月大的幼鸟，而其他父母则才开始孵化它们的蛋。父母双方都会值班，在前三周的时间里它们 24 小时在岗，随后每隔 2~3 天，它们会出海去打猎。年龄较大的雏鸟在父母出海时，往往会聚集在大的“托儿所”里。虽然每只鸟都被一层深褐色绒毛包裹着，但附近的冰川中可能会吹下狂暴的冷风，这些幼鸟会挤在一起取暖。

在陆地上，王企鹅移动缓慢。但到了海里，它们变成身体光滑、游动快速的捕食者。白天，企鹅通常潜水到大约 100 米处，在水下停留约 5 分钟。目前的纪录保持者潜了 9.2 分钟，潜到 343 米。到了晚上，它们需要把潜水深度控制在 30 米内。

这是因为它们的猎物以灯笼鱼和鱿鱼为主，这些都属于生活区域垂直变化的海洋生物——夜间上升到海面，白天隐藏在深海中。企鹅对磷虾的依赖比其他大多数南方海洋食肉动物要低。

王企鹅满载着食物回到海湾，准备把这种天然的、营养丰富的杂鱼汤喂给小企鹅，但是当它们从水里出来时，正撞上一堵鲸脂墙。成千上万的南方象海豹挪到了海滩上，数量约占世界象海豹的一半。它们在企鹅父母和数以万计等待多时的小企鹅之间形成一道活的屏障。

企鹅蹑手蹑脚地穿过四处横陈的躯体，小心翼翼地不吵醒正在打盹的“海滩主人”。在这里，这些象海豹是真正的“国王”，每一头雄海豹都被它的妃子包围着。如果一只海豹起身，企鹅很可能会被压在体重可达 4 吨、身长近 7 米的动物身下。生活在南佐治亚的这群是目前所知身体最重、最大的南方象海豹，是同时代地球上最大的鳍足类动物。

在和拦路的象海豹们周旋一番之后，大多数父母都努力找到了自己的孩子。但有时，在育儿任务完成后，成年企鹅从海上回来后，会绕过“托儿所”，走向内陆去换毛。数百只企鹅随处站着，脱去羽毛的同时长出新的羽毛。它们丢弃并重新长出四层厚厚的隔热层，更新它们的生存装备。它们为哺育孩子也付出了代价，在这期间不能正常猎捕和进食，体重至少掉 2 千克。它们的状况看起来很糟，毛发凌乱，孤立无助。重要的是，它们要尽快完成换毛，否则就会有被冻死的危险。

与此同时，这些羽翼未丰的小企鹅开始试探性地进入大海，一旦进入水中，它们必须游得很快，因为海豹、虎鲸和海狗都可能在近海水域游荡。南大西洋的亚南极群岛是个无情的地方。

企鹅群（右图） 成年王企鹅形成黑白色的群落，而幼鸟还披着深褐色的绒毛。

鲨鱼集结点

二月中旬，佛罗里达州棕榈滩，海水温暖，水温大约 23℃。逃离冬日天气的游客成群结队地来海滨洗浴和沐浴阳光。然而，他们几乎不知道的是，就在同一片海域，离他们只有 100 米的地方，有一万条鲨鱼也刚刚在它们的年度迁徙中休了个小假。聚在一起的黑鳍鲨和短鳍真鲨数量众多，如果扔一块石头，差不多可以击中一条鲨鱼。这是地球上最大的鲨鱼群之一。它们来自更远的南方，聚集在这里，然后向北迁徙。它们的目的地在大西洋沿岸，沿途处处都有丰富的食物供给，海湾和河口是它们的繁殖地。但这些鲨鱼似乎在等待那些更北端的地方水温上升——通常是在复活节左右——才继续向北前进。这种大规模的停留，也为了在停留地附近补充食物。

短鳍真鲨和黑鳍鲨是狂热的猎手，但它们的确有笨拙的一面。当鲨鱼群追逐着密集的竹荚鱼和鲻鱼群时，有时会进入非常浅的水域。海水在鲨鱼的捕食狂潮中变

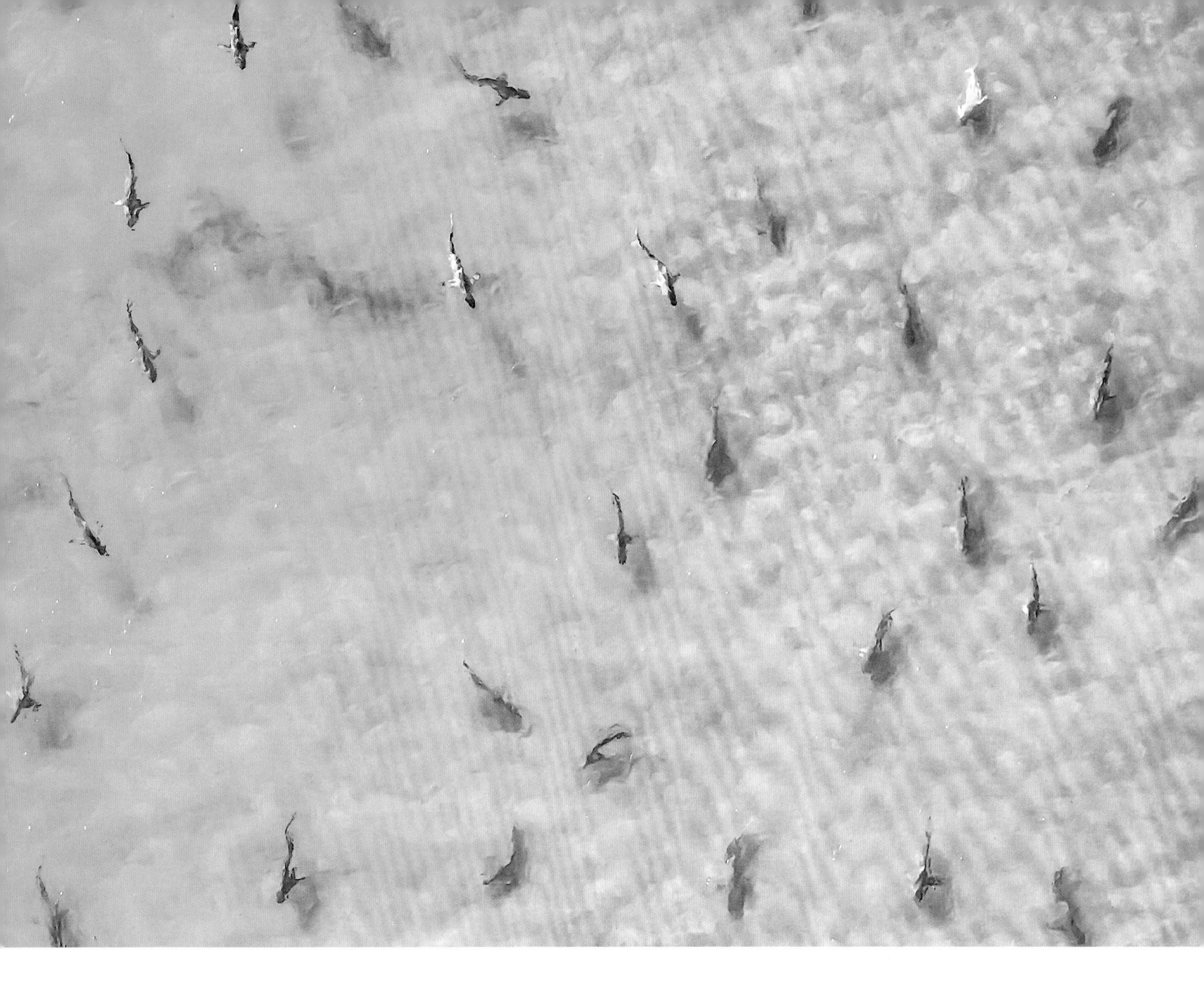

鲨鱼群（上图） 每年的一月和二月，成千上万条黑鳍鲨和短鳍真鲨来到佛罗里达州南部海滩几米外的地方。

机会主义者（下页） 大双髻鲨猎捕短鳍真鲨和黑鳍鲨，它会有意识地尾随它们的迁徙，选择掉队的下手。

得沸腾起来。一些鲨鱼甚至游到海滩上，在被风干之前，它们疯狂地挣扎，以求找到返回水中的路。

不出所料，这种大规模的聚集吸引了不曾期待的关注。即使中等大小的鲨鱼也有它们的捕食者，它们的天敌是大双髻鲨。这种鲨鱼体长 6 米，高高的镰刀状背鳍识别度很高。现在，这个巨大的顶端捕食者溜进了浅水中，要饱餐一顿。人们在这里建造别墅和公寓之前，这些鲨鱼一直是这么做的。

然而，这些别墅可能会让这样的自然景观付出代价。海岸线通常是经由天然地质过程形成的，却被人类想要在海边拥有一块领地的欲望摧毁。混凝土码头、交叉拱和海堤让海浪停留在海湾内。这些措施可能会保护一个社区免受洪水的影响，但是，由于侵蚀和沉积的自然过程受阻，相邻下游的地方会受到更严重的侵蚀，于是又得投入更多的混凝土。而且，海岸被人工硬化得越多，海洋生物生存的空间就越狭小，海岸离充满活力的野生动物环境就会渐行渐远，变成了生态沙漠。而类似的事情正发生在世界各地的海岸上。

第 3 章

珊瑚礁

海底大都市

热带珊瑚礁是“海底大都市”。有林立的高楼、狭窄的小巷、宽敞的大道，以及露天广场。城市居民多种多样，来自地球上的多种动物族群。这些珊瑚礁仅仅覆盖了 0.1% 的海洋面积，但 25% 的已知海洋生物都居住在这里，每天都有新的物种被发现。令人惊奇的是，热带珊瑚礁常位于水中营养元素缺乏的海域，居民所需的一切几乎都产自于“城市”中，因此，对于空间和资源的争夺非常激烈。

有些珊瑚礁的结构非常庞大（例如大堡礁，它是如此之大，在太空中都能看得到），却极其敏感脆弱。它们健康地生长需要干净清澈的水、充足的阳光，以及常温在 25~30℃的环境，因此它们只存在于浅海中，远离主要河流，在南北纬 30 度之间的狭窄纬带上。这些苛刻的条件意味着，只要环境出了一点儿差错，热带珊瑚礁就会受到损伤。它们就像被围攻的“城市”，大范围的环境变化，例如捕捞过度、海洋酸化、温度以及海平面的上升，都可能对其造成毁灭性的伤害。

炫彩缤纷（左图） 热带珊瑚礁是座生机勃勃的“城市”，为五颜六色的海底公民提供居所。

精致的珊瑚（前页） 珊瑚礁生长在温暖的浅海里，水温对珊瑚礁的生长至关重要。

彩虹珊瑚礁（左图及右图）
珊瑚能发出各种颜色的荧光。这些荧光色可以起到防晒的作用，保护浅水中珊瑚组织里生长的虫黄藻不受有害的太阳射线的灼蚀。较深处的珊瑚也会散发荧光，但不再是为了遮阳，而是为了给虫黄藻提供更多的光照。我们也可以通过荧光的颜色来判断珊瑚礁是否健康。

千手佛珊瑚（右下图·右）
千手佛珊瑚和海葵非常相似，但是它们掩埋在柔软的沉积物之中，可以把自己收进一根管子里。它们的触手分成两圈，外圈的大触手用来捕捉食物，内圈的小触手则用来处理食物。

晨间的水中大合唱

太阳从地平线升起时，海洋一片宁静。海鸟以一轮粗粝的鸣叫结束了整晚的寂静，迎来新的一天。雨林中，田野中，还有沼泽中，世界上每个角落的鸟儿们都会加入这一场晨间合唱，但要注意的是，这一天一次的演出并不是陆地动物专属。在清晨的水下，嘈杂的声音也充斥着这片海洋，那是来自珊瑚礁的喧嚣之音。

同春天陆地上的鸣禽一样，珊瑚礁群落在清晨和傍晚都会变得热闹起来。傍晚的声音比早上更大，在新月时最为激烈，满月时则最为细微。这恰好契合了珊瑚礁中动物的活动强度，无论每时每天还是每年，这场精彩绝伦的交响乐都在由最出乎意料的演奏者们演绎着。早在公元前 350 年的亚里士多德时期，人们就知道了鱼是可以发出声音的，但是谁又能想象得到海胆和虾也都是合唱团的成员呢？

最轻的声音是海胆进食时牙齿的刮擦声，它的刺相互摩擦时也会产生的尖锐声音，那可能是它清洁时的声音，海胆球状的壳可以将声音放大。而最大的声音是由枪虾发出来的，会盖过所有其他的声音，当很多枪虾一起发出噼啪声时，那声音就像培根在煎锅里嗞嗞作响。枪虾发声时，会用它大的那只钳子射出一个气流泡，同时也发出一道闪光。气泡爆裂如此之响，能量如此之大，引起的震荡甚至可以击晕一条小鱼，但是这个方法主要还是被用于与其他枪虾交流，而不是猎捕。

和虾相比，鱼就比较克制一些，但是它们会用声音的多样性来弥补音量上的不足。黑海鲈的声音像雾角，小丑鱼可以张合下巴发出喀啦声，在面临威胁的时候，三刺蟾鱼会发出类似婴儿的哭声，它属于为数不多的能发出“喉音”的鱼，而会发出这种声音的通常是鸟类。

珊瑚礁中的雀鲷尤其爱讲话。它们会用牙齿发出啵啵的声音，通过震动肌肉触碰鱼鳔发出吱吱声。此外，它们时不时还自己发明新的声音。最近几年，来自印度太平洋地区，无处不在的安邦雀鲷，被人发现能够发出所谓的“雨刷声”，因为那声音类似于雨刷摩擦在干玻璃上的声音。另一些人则觉得这声音像鸽子的咕咕声，但无论大家用什么方式描述这个声音，可以肯定的是，这个声音和安邦雀鲷平时发出的啵啵声和吱吱声非常不同。珊瑚礁中的竞争是如

嘈杂的珊瑚礁（上图） 这个吵闹的珊瑚礁正是雅克－伊夫·库斯托的纪录片《寂静的世界》的反例。

新信号（左图） 安邦雀鲷会发出吱吱声和啵啵声，此外，科学家们最近还发现了一种新声音，称为“雨刷声”。

此激烈，发明一种新声音是一种非常好的语音识别方法，可以很好地区别于其他鱼的咕噜声、咕哝声、吼叫声、抨击声、打鼓声、喀哒声以及打嗝声。

声音终年不休：鹦鹉鱼大口地咀嚼声、白天蝴蝶鱼的喃喃自语等等。这些声音被认为与捕食和守卫领土有关。每年有两到三个月，这些声音都会被求偶和产卵的鱼群或者雄鱼之间争夺领土的战斗声淹没。

和鸟类一样，雌双色蝴蝶鱼能够分辨单身雄鱼的啾啾声，雄鱼也能识别出距离它们最近的对手，并且能够将自己和最远的雄鱼区分开来。每天早上，雄鱼从自己夜间藏身的孔洞中出来，它们必须要重新明确自己对一片领地的所有权。这些鱼彼此互相呼喊，以确保自己有充足的空间，避免不必要的争斗。即便如此，清晨的珊瑚礁上，仍然会有些居民发生争吵，甚至升级到身体冲突。当鱼虾们吵吵闹闹的时候，当地的海龟蒙眬醒来，开始准备战斗。

海龟的岩石健康水疗

在任何大城市早高峰时，通勤者都会急匆匆地冲向他们的目的地，珊瑚礁这座城市也不例外。在这里浪费时间就意味着失去捕食机会。对于有些生物而言，一天的第一件事就是去拜访健康水疗处。

一只年老的雌性绿海龟从珊瑚礁中出现，大部分夜晚时间，它都在珊瑚礁中睡觉，并将自己固定在某个“小屋”之中，以免让睡梦中的自己浮上海面。在非活跃状态下，它可以屏息数个小时，但是现在，该活动了，要赶紧行动。它想要第一个到达水疗处，现在，那边还看不见其他海龟。

如果海龟的壳上长满了海藻，而软体部分长有寄生虫的话，它的行动将会更为迟缓，身体素质变差。与身体洁净的海龟相比，脏海龟会处在不利位置。所以海龟会前往当地清道夫鱼提供的清洗服务处，这会比散步更有益于健康。它的动作惊醒了其他海龟，它们都注意到这只海龟正要去做个水疗。水疗处一次只能容纳一只海龟，所以赛跑开始了。

迟到者（上图） 有一次，摄制组成员不得不等待 4 个多小时，等海龟游上来，进入清洁站，这仅仅是为了拍摄 20 秒的视频！

海龟石（右图） 平日温顺的绿海龟在竞争经常使用的清洁站点时，变得非常好斗。

在马来西亚沙巴州诗巴丹岛的珊瑚礁中，海龟岩是一个举世闻名的清洁站。这是一个不寻常的海中地标，因为在这块海底岩石的顶部，有一个因为无数世代的海龟前来清洗而磨出的凹坑。第一头到达的海龟会享受到五星级待遇，所以队伍可能会排得有些长，正如水下摄影师罗杰·芒斯发现的那样："绿海龟因性格温顺而出名，它们确实十分温顺。不过，当它们想要在海龟岩清洗自己的甲壳时，就不会那么友善了。它们会彼此撕咬，用头碰撞，以争到最好的位置。它们非常好斗。"

当其他海龟得到信息，蜂拥而至的时候，它们会咬第一只母海龟的脚，让它难受，但是这些举动并不能改变任何结果：依然是先到先洗。珊瑚礁中的双色鳚从家中迎了出来，黑刺尾鱼如期而至，准备招待今天的第一个客人。鳚鱼处理寄生虫和死皮，刺尾鱼则啃食海龟壳上覆盖的海藻，按部就班。鱼享受了送上门的美食，而海龟得到了更为光滑的壳和清洁的皮肤，它们之间的关系就是"共生"，这就意味着双方都会受益。这是它们在城市中享受便利的另一种方式。

自我诊疗的海豚?

在埃及海岸线外，红海北部，印度—太平洋短平鼻海豚建立了它们自己的健康俱乐部。海豚以珊瑚礁为掩体，躲避鲨鱼，同时也利用珊瑚礁进行保健。在日常沐浴中，海豚会借助沙地、鹅卵石、海草和珊瑚礁摩擦身体，对这些工具的选择可并非随机的。

海豚用沙土、海草和柳珊瑚摩擦整个身体，但是会用某些特殊的珊瑚和海绵摩擦特定的身体部位。据研究，海豚使用皮质珊瑚和海绵摩擦头部、身体上部和尾鳍，使用非常坚硬的珊瑚摩擦侧鳍的边缘。有些柳珊瑚（海扇和海鞭）和一些特定种类的海绵具有抗细菌和真菌的成分，所以海豚使用这些珊瑚来清洁自己，让皮肤免受疾病和寄生虫之苦，这是一种自我治疗。所以有些科学家认为，珊瑚可能会成为 21 世纪的药物来源。

成年的珊瑚和周边的海绵是牢固生长在海床上的动物，因为无法逃走，它们需要化学武器来保护自己。这些化学物质也可能会同样保护我们。现在已经有一些抗微生物、抗癌和抗感染物质从加勒比海珊瑚礁的海绵中被提取出来。早在我们想到探索海波之下的时候，海豚等动物已经开始使用这些医疗资源，这真是非同寻常的想法。不过，复杂的行为并不只属于那些脑袋巨大的鲸科生物。

海豚医生（下图） 古尔代盖的海豚群。

健康俱乐部（右图）

1. 在选中的珊瑚外，海豚排起了队。

2. 海豚用侧鳍边缘摩擦坚硬的珊瑚。

3. 海豚几乎全身都接受了这种方式的治疗。

4. 最后诊疗尾鳍。

3

4

聪明的猪齿鱼

刚刚日出，长有橙色斑点的猪齿鱼就已经回到了它在澳大利亚大堡礁的工坊，在这充满挑战的小世界里精进自己的技艺。在主要由哺乳动物和鸟类占据的“工具使用者”俱乐部中，它也占有了一席之地。猪齿鱼喜欢吃蛤蚌，因此也懂得如何从沙子里干净利落地挖出它们。猪齿鱼并不是含着水喷向蛤蚌的，而是背对着蛤蚌，用力地扇合鱼鳃向后迸发水流，这与合上书本产生气流的原理类似。接着，它们就可以用嘴叼住从沙中露出的蛤蚌，巧妙地配合脑袋和身体的动作，把它用珊瑚敲碎。这些敲击动作是如此精准，仅仅几下，贝壳就四分五裂了。然后猪齿鱼就可以美餐一顿，吞下蛤蚌的嫩肉，吐出残余的贝壳碎片。

“珀西”的城堡（下图）
这条猪齿鱼在滨珊瑚中有张“砧板”，它常常回到这里敲碎蛤蚌。

当我们在珊瑚礁中仔细搜寻猪齿鱼的活动痕迹时，有一条鱼引起了我们助理制作人雷切尔·巴特勒以及摄像师罗杰·芒斯的注意。

“在我们一开始遇见猪齿鱼‘珀西’的时候，并不确定我们能看到什么。但是仅仅过了几分钟而已，它就找到了一只贝壳，并带着贝壳冲向它最喜欢的珊瑚。接下来，它猛烈地甩动它的脑袋，把贝壳敲得粉碎。尽管我们已经预先知道猪齿鱼的这种捕食方法，但我和雷切尔还是被它出色的表现惊呆了。”

工具使用者（上图） 猪齿鱼“珀西”每天都游很远去拾取蛤蚌，然后又不辞辛苦地带回同一个地方敲开。

“第一次见到鱼类使用工具真的是件奇妙的事，”雷切尔补充道，“珀西每天都会回到它的‘城堡’里。真是个执着的小家伙，每天游上几个小时寻找蛤蚌，找到了再回到它的砧板敲十几分钟。”

珊瑚块周围成堆的贝壳碎片表明，猪齿鱼会常常使用同一块“砧板”。此外，在整个大堡礁都能见到这种成堆的碎贝壳，说明这已习以为常。尽管猪齿鱼对“砧板”的使用是相对惹眼的行为，但在《蓝色星球Ⅱ》开拍以前，在澳大利亚很少有人观察到，而且它们这个行为也是在这个系列片中首次由专业人士拍摄下来的。

这些机智的猪齿鱼属于隆头鱼科，在这些观察资料被报道出来以后，其他类似的行为也被人们注意到。在佛罗里达近海，黄首海猪鱼会在岩石砧板上敲击扇贝；在红海海域，有三种隆头鱼都采集海胆，并带回自己的领地，在一块特定的岩石上折断海胆的棘刺，撕开体壳，食用中间柔软的部分。

通常鱼类都智力平平，但是无论挖取蛤蚌还是采集海胆，并用嘴叼着带到远处特定的“砧板”敲开，就像水獭经常做的那样，是需要一定前瞻思考能力的。对于鱼类来说，这很了不起。

拾荒的小丑鱼

魅力超凡的小丑鱼也有开拓精神。它们为了避开早高峰，所以在家办公，通常被大海葵蜇人的触手保护着。不像其他把卵和精子直接排在水中的珊瑚礁鱼，小丑鱼是筑巢者，它们把一些体形较大的鱼卵小心地放置在坚硬物体的表面，例如珊瑚或者岩石上，然后悉心照料。但找合适的放置所并不是件容易的事，如果寄宿的海葵是扎根在细沙中的，小丑鱼就面临难题了，得想个好办法来解决。

每到孵化的季节，雄性小丑鱼会离开安全的家，进入熙熙攘攘的都市里，寻找合适的可以放置鱼卵的地方。就像个守旧的拾荒者，游荡过大街小巷寻找丢弃的垃圾。它们什么都可能偷，海胆、半个椰子壳，甚至易拉罐和塑料片，然后把偷来的东西推回到海葵处。让罗杰・芒斯和制作人乔纳森・史密斯觉得好笑的是，其中有些东西对于鱼类来说运送起来并不容易。

“这个是我在拍摄‘珊瑚礁’部分中最喜欢的角色，”乔纳森说道，“罗杰提前向我们描述了小丑鱼的行为。在我们第一次潜下去时，看到雄性小丑鱼从它的海葵

小丑鱼群（下图）

1. 小丑鱼一家和它们在细沙上的海葵屋。

2. 这些鱼在寻找一个大小合适的可以附着鱼卵的物体，但是有的太大了，不合适。

3. 半个椰子被小丑鱼捡到了，在往家的方向推。

4. 鱼卵已经放好，授精之后，被守护着。

1

2

里游出来，开始推椰子壳。它坐在里面，甩着尾巴，看起来就像在开一辆椰子车。我笑得都要被换气管噎住了。”

“有时候想拍到需要的镜头很难，”罗杰回忆道，“因为这个可怜的海葵住民在推对它来说巨大无比的椰子壳的时候，实在是太有喜剧效果了。我很钦佩它的坚韧和毅力，但这也让我的工作变得有点儿棘手。”

最终，这条小丑鱼把它选定的物体运了回去，抵着海葵放着，用作孵卵的巢穴。它们认真地清理着椰子表面，这样鱼卵可以牢牢附着住。当繁殖的季节到了，雌性小丑鱼和它的伴侣们会咬寄宿的海葵在巢穴附近的触手，这样海葵就会把这些触手缩起来，给雌鱼留下足够的空间产卵。而雄鱼紧随其后，将鱼卵受精。接着雌鱼离开去觅食，雄鱼留下守巢，海葵的触手形成的保护伞也会提供帮助。

小丑鱼是为数不多的会把卵产在可移动物块上的物种。而在这些物种中，有的甚至会喷沙来清理要放置鱼卵的地方，将它打扫得干干净净。比如加拉帕戈斯隼雀鲷，它们会在嘴中含满沙砾，反复吐到挑选好的物块表面上来进行清洁。事实上，鱼比我们想象的更有创造力。

3

4

迷人的乌贼

变形者（上图） 白斑乌贼可以变换各种颜色、纹理和形状，仅仅几秒钟就能完成变形。

催眠大师（左图） 乌贼在催眠了它的猎物之后（这里是一只螃蟹），会用它那对可伸缩的触手末端的吸盘抓住猎物。触手位于八只脚的正中央，这里可以喷出高速水流。

虽然经常被和慢吞吞的蜗牛联系到一起，但这些头足纲动物——章鱼、鱿鱼还有乌贼，其实聪明得令人吃惊，它们的秘密武器就藏在皮肤中。这些生物有着各种各样的皮肤细胞，可以对光产生不同的反应。其中最明显的是色素细胞，它们能以毫秒为单位舒展收缩，因此这些动物的皮肤颜色变换瞬间就能完成。有些图案起保护色的作用，它们可以融入任何背景中；另一些图案则是可以用来交流，发出警告或者进行求偶表演。变换的图案也可以用于迷惑猎物，白斑乌贼是能够熟练使用这一技巧的生物之一。它们出没在印度太平洋地区，从莫桑比克到斐济都有它们的踪影。

白斑乌贼有着柔软的身体，所以也很容易受到甲壳类猎物利爪的伤害，比如螃蟹和基围虾。所以，为了能在对峙中占据上风，乌贼会快速变换色彩和图案，从保护色模式瞬间切换至致命的攻击。在捕猎时，它用身体和脚连接成拱形接近猎物，在脚的正中央盘踞着它的触手，时刻准备进攻。它悄悄跟踪猎物，以一种迷人的方式高速地变换着保护色。黑白相间的人字形图案一遍遍地从头到脚扫过，就像游乐园里闪烁的霓虹灯。那只甲壳类猎物看上去受到了催眠，变得无法动弹。然后，乌贼弹出它的触手擒住被迷惑的猎物。晚餐就这么准备好啦！

巨鱼领域

并不是所有能在珊瑚礁见到的动物都是这里的永久居民。很多都是来了又走，通常是被季节性出现的大量食物吸引而来。其中最戏剧化的群聚活动应该属于马尔代夫的蝠鲼。

在哈尼法鲁海湾，漏斗形的环湖礁有足球场那么大，上涨的潮水会将大批的浮游生物汇集在这里。最初的几只蝠鲼在涨潮之后马上就来了，然后更大群的蝠鲼接连而至。到最后，会有多达 200 条蝠鲼同时在这里进食。

它们大部分是珊瑚礁蝠鲼，但是有一些是海洋蝠鲼，二者都是滤食动物。它们在浮游动物群中来回穿梭，两侧角状的头部边缘将食物灌入信箱形状的嘴里。

在这场优雅的水下芭蕾中，有一些蝠鲼俯冲加入，然后开始跳环形蝶舞，将所经之处的浮游生物铲起来。另一些掠过海底，仅仅在沙子上方几毫米处游泳。还有几条在专门吃水面上的浮游生物。有时它们一起进食，当浮游生物密集的时候，很多蝠鲼会一起组成长捕食链。条件更好的时候，50 多只蝠鲼会螺旋上升进行所谓的“龙卷风捕食”。它们连接紧密地盘旋，以此形成漩涡，将食物集中到中央，然后再用大嘴吞食。如果这次捕食成功的话，一只蝠鲼一天可以吃到 27 千克的浮游生物。蝠鲼长得个子大，食量也大！哈尼法鲁海湾是名副其实的巨型鱼之地。

涡力捕食（上图） 一群蝠鲼在捕食浮游生物，它们绕着圈游泳，制造出漩涡将食物集中在中心。

纵列前进（右图） 一队蝠鲼俯冲下来，形成长长的捕食链。

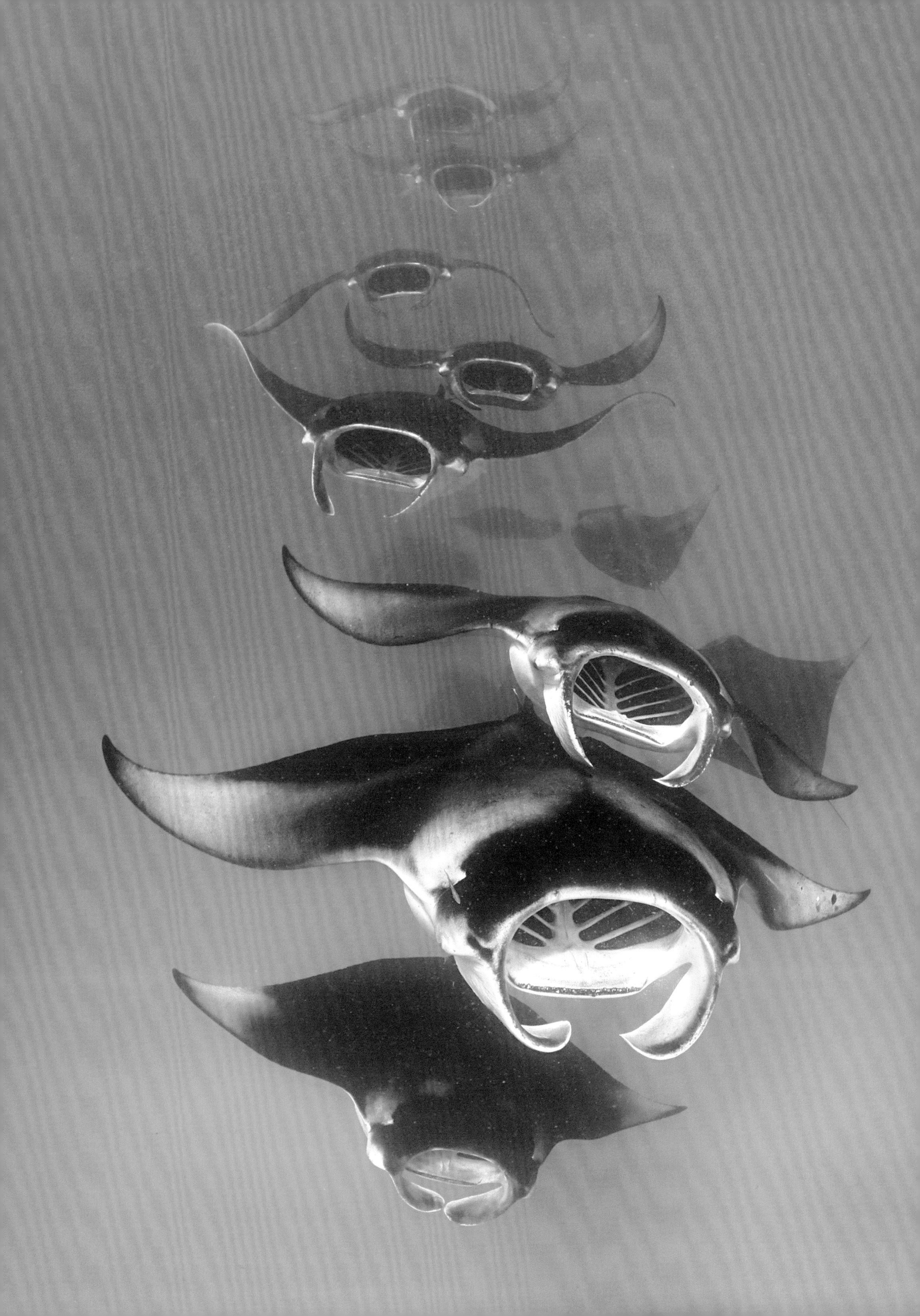

珊瑚礁的一夜

和所有的大都市一样，珊瑚礁也是日夜喧闹不停，其中的居民轮流登场。天刚刚黑，白日的居民就开始寻找休息之所了，而其中一些尤其有创意。鹦鹉鱼会寻找一个安全的裂缝，并把自己包裹在嘴里渗出的黏液所形成的睡袋中。这个黏液茧有两个作用：可以作为警报器，也可以是保护仓。如果一条海鳝接近并触碰到了黏液，鹦鹉鱼马上就会从茧中逃出。同时茧也可以防止自身的气味飘散到珊瑚礁之外，引来夜间出没的独行杀手——鲨鱼。

鼬鲨常在涨潮时独自从外海来到珊瑚礁，黑尾真鲨会秩序井然地成群逡巡入深水中，大量疯狂的乌翅真鲨会横扫浅水中的猎物，而在珊瑚岬中猎食的则是成群的灰三齿鲨。灰三齿鲨以金鳞鱼和兵鱼为食。金鳞鱼和兵鱼体形相对较小，长着大大的眼睛，有着银橘色的身体，常在夜间出来捕食。除了鲨鱼以外，这些小鱼还要特别小心另外一个夜间猎食者。

博比特虫是一种可怕的、达 1 米长的彩虹色蠕虫。在日本的珊瑚礁中，有纪录称曾发现过长达 3 米、重达 4 千克的这种彩虹色怪物。据说它这个不寻常的名字取自于 J. W. 博比特先生以及 L. 博比特夫人，前者曾对后者不忠，而后者为了报复切掉了前者的生殖器。这一轶事让人联想到了博比特虫那极可怕的上下颚。

这种虫子是以伏击为主要手段的猎食者，住在海底布满黏液的洞穴里。它在这里守株待兔，掩藏在沙子和碎石中，只露出五只触须。每当触须被碰到，博比特虫便像鱼雷一样冲出它的洞穴，并在瞬间将整个口腔翻出，暴露出像剪子一样的上下颚，以及带锯齿的钩状附属器。这攻击既猛且快，小鱼可以被一下咬成两半。然后猎物会被拖到沙子下面，防止它们逃脱。为了保险，博比特虫还会向猎物注入毒素，致其死亡或瘫痪。

在这样一个手段残忍野蛮的猎食者面前，猎物们似乎都无能为力，但是至少有一种鱼会展开反击。乌面赤尾冬会对博比特虫进行围攻，如果发现了博比特虫的洞穴，它们会头朝下竖直地俯冲下去，将水喷入洞穴口。很快其他赤尾冬也会加入这场水仗。博比特虫的触觉系统会因此产生混乱，不得不缩回洞穴深处，等待鱼群离去再出来。

睡袋（右上图） 一条鹦鹉鱼夜晚蜷缩在黏液袋子里。

杀手虫（右下图·左） 博比特虫将它的头和有力的下巴从沙子里伸出，等待猎物上门。

围攻（右下图·右） 几条乌面赤尾冬在围攻那条博比特虫，向它喷水，使其瘫痪。

甩头族

在夜里出去闲逛非常危险，就像那些治安混乱的大城市里都有危险禁区，珊瑚礁中也有很多地方能不去就别去。但是夜间也是很多珊瑚礁居民进行繁殖活动的时段，有时它们会在无遮挡的场所进行。受月亮周期变化的影响，白日活动的居民在夜晚会从藏身之所出来，为了让后代可以在最佳的时节出生，冒着巨大的风险进行繁殖。

由于捕食竞争如此激烈，而且珊瑚礁中本身就存在着许多各种体形的捕食者，所以有些讽刺的是，生育后代的最佳位置是在更为安全的外海。外海里也有捕食者，但是密度要小得多。还有一个额外的优点是，有时洋流可以把幼体带到更适宜生长的地方，所以珊瑚礁的动物在产卵时都会尽可能地确保受精卵和幼体被洋流从拥挤的珊瑚礁中带走。

满月时的黎明之前，位于马来西亚婆罗洲沙巴州西边的海岛——西巴丹岛，成群的成年隆头鹦鹉鱼会离开它们平时夜里的洞穴或者沉船中的藏身之处，聚集在珊瑚礁边缘。陡峭的珊瑚悬崖后面就是深海。这里也是珊瑚礁夜里最危险的地方之一，

攻城锤（下图） 雄性的隆头鹦鹉鱼在前额上有个坚硬的肿块，其功能和山羊的角类似。

隆头鹦鹉鱼（上图） 一群雄性隆头鹦鹉鱼在黎明时聚集在西里伯斯海西巴丹岛的浅水珊瑚礁中。

时常有当地的黑尾真鲨出没。隆头鹦鹉鱼似乎很清楚这些危险，但仍不妨碍这里成为其往海中撒播鱼卵的最好处所之一。

雄性的隆头鹦鹉鱼会尽力让头部看起来漂亮，并且争夺成为头鱼的权利。额头上巨大的骨制肿块就是它们的武器。这肿块不仅仅是在捕食时用来砸碎珊瑚的，也用于和别的雄性隆头鹦鹉鱼撞头争斗。它们先举行撞头之战，接下来才是繁殖产卵。隆头鹦鹉鱼是活的攻城锤，雄鱼在争取与雌鱼的交配权时，为了选出最强壮优秀的那条，它们会像大角羊一样进行撞头比赛。隆头鹦鹉鱼的头部肿块和羊角相似，有竖直骨支撑，而且雄性头部十分健壮。它们的撞击十分有力，以致在水下很远的地方都能听到撞击声。在已知的鱼中，这是唯一一种会用自己身体的一部分，做出如此有攻击性撞击举动的鱼。

交配季节逐渐到达了高潮，雄鱼和雌鱼离开鱼群，面对面向上游，游到距水面一米之内的地方进行繁殖，鱼卵和精子在它们身后混合。然后受精卵会随着洋流漂流走，很快就孵化成幼鱼，以海洋表面的浮游生物为食。几周后，它们会前往近海处的红树林和海草场区域，在那里成长发育，并最终回到珊瑚礁中度完余生。

南航道上的埋伏

在法属波利尼西亚的法卡拉瓦环礁，产卵是件更喧闹的活动。在七月的满月时节，成千上万的清水石斑鱼会开始前往“南航道”，这是一条 100 米宽、30 米深的连接中央礁湖和外海的峡道。每天两次，海水会随着涨潮填满礁湖，并在退潮时又排走。就是在这里，雄性和雌性的清水石斑鱼聚集起来产卵，雌性的鱼体形明显较大，肚子因充满鱼卵而肿胀。

在几次试探性地前进之后，几对清水石斑鱼会冲出鱼群排卵授精，这场盛大的繁殖活动就这样拉开了序幕。产卵活动在退潮时达到顶峰，成千上万的鱼卵几乎是

大鱼吃小鱼（下图） 在法卡拉瓦，黑尾真鲨正在捕食产卵期的鱼。

同一时间被雌鱼排出，水中也由此变得白雾茫茫，受精卵随着强力的洋流被冲刷到海中。然而，这场大规模的群体产卵活动却正是当地鲨鱼所期待的。

成百上千的黑尾真鲨蜂拥进入南航道，它们之所以会前来是因为石斑鱼在产卵时是如此一心一意，所以很容易捕捉。鲨鱼快速地横扫而过，石斑鱼还来不及逃跑就被它们抓住了。鲨鱼会在猎物向着水面冲刺的时候把它们拦截住。体形巨大的黑边鳍真鲨和犁鳍柠檬鲛会从外海前来加入这场乱斗。这场捕食活动极为混乱，甚至以鲨鱼为食的双髻鲨，也会来狩猎这些来吃石斑鱼的鲨鱼。

为什么能有这么多的鲨鱼来到这里一直是一个生物学谜团。一年平均在这里能发现 600 条黑尾真鲨，但季节差别很大，夏天能有 250 条，而冬天则能发现多达 700 条这种长达两米的猎食者。这是世界上黑尾真鲨最密集的地方，要维持这样数量的鲨鱼，需要足够的食物才行。

研究鲨鱼的科学家估计，如果要让这么多的鲨鱼健康生活，一年大概需要 90 吨的食物，但是这里仅有 17 吨，所以一年中大部分时间鲨鱼要离开这个峡道去其他地方觅食。然而，冬天的那几个月它们不走，因为有石斑鱼足够它们捕食。

多达 17 000 条的清水石斑鱼聚集在峡道中，就像运送生鲜的小货车。它们来自法卡拉瓦环礁和周围的群岛，有的甚至从 50 千米以外的珊瑚礁而来。它们的汇集直接提供了 30 吨的食物。而且在石斑鱼离开了之后，还有刺尾鱼、鹦鹉鱼以及其他几种鱼类可供鲨鱼捕食，它们也是为了产卵而聚集在此的。这些珊瑚礁鱼构成了鲨鱼的日常膳食，这也解释了为什么此处能见到这么多的鲨鱼。

不寻常的是，法卡拉瓦始终未被过度捕捞过，仅仅有十来个渔人会来这儿捕捞珊瑚礁鱼以维持生计。而且鲨鱼也受到保护，因为法属波利尼西亚的居民对它们非常尊崇。因此，石斑鱼的数量一直保持在健康的状态。在有些珊瑚岛，过度捕捞使包括石斑鱼在内的珊瑚礁鱼数量减少，鲨鱼的数量也因此显著减少了。当然人们为了获得鱼翅捕捞鲨鱼，也导致鲨鱼数量减少。然而研究表明，仅仅是禁止人们捕捞鲨鱼还是不够的，要保护鲨鱼，那些习惯汇集起来产卵的珊瑚礁鱼也需要被保护。没有它们，就不会有这么多的鲨鱼，而且鲨鱼也是保持珊瑚礁社区正常运作不可或缺的成员。

珊瑚礁的麻烦

珊瑚礁中起到根本性作用的生物是可以形成坚固的造礁珊瑚的珊瑚虫。没有它们，整个珊瑚礁就无从谈起。珊瑚虫实际上是无脊椎的软体生物，形似微型的海葵，它们是进化上的表亲。珊瑚虫底部会分泌出一层坚硬的碳酸钙，正是这些碳酸钙层构成了珊瑚礁的基础结构。要是没有这些小家伙，成千上万的生物都会无家可归。

珊瑚的形成依赖阳光和清澈温暖的海水。珊瑚虫需要阳光，因为它们身体组织里填满了单细胞的共生鞭毛藻类——虫黄藻。虫黄藻通过光合作用产生食物，而这也是珊瑚虫 90% 的能量来源。剩下 10% 的营养来源则是它们用触手捕捉到的食物。没有这些小小的寄生客，珊瑚虫没办法快速成长到足以构建并维持我们今日所见到的如此巨大的珊瑚礁结构。但是，珊瑚虫和虫黄藻之间仅仅是脆弱的共生关系。

大灾难（下图） 大堡礁蜥蜴岛上的分叉珊瑚已经开始褪色了。

如果珊瑚虫受到持久的环境变化的压力，像是水温忽高忽低、海洋污染，或是受到水底沉积物的掩埋，它们就会把虫黄藻驱赶出去，这就是所谓的“褪色”过程。珊瑚会开始变白，毕竟它们的颜色来自于虫黄藻所吸收的阳光色素。珊瑚不一定会马上死去，它们还能在温度升高的海水中生存一段时间。然而，如果温度升高的状况持续，珊瑚就会永久褪色并死亡。珊瑚通常就生活在离海平面不远的位置，而这里受到温度升高侵害的可能性很大，所以它们很容易受到气候变化的伤害，并因此导致褪色。

大堡礁海洋公园官方宣称：澳大利亚的大堡礁目前正经历着有史以来最严重的褪色现象。在珊瑚礁的北部，95% 的珊瑚已经受到了损毁，包括猪齿鱼“珀西”的城堡。

珊瑚白化（上图） 在大堡礁的一些区域，连续的珊瑚白化事件发生后，已经很难拍摄到没被白化的珊瑚了。

雷切尔·巴特勒说，“仅仅在我们结束大堡礁摄制的几个月后，就有一整块区域的珊瑚已经白化，其中包括‘珀西’的城堡，听到这个消息真令人心碎。它让我们彻底明白，我们的海洋，尤其是珊瑚礁，是多么的脆弱和珍贵。”

对研究员尤兰德·博思格（Yoland Bosiger）来说，这着实让人难过。“我从小在道格拉斯港长大，在电话中得知大堡礁北部的蜥蜴岛正遭受数十年来最严重的白化事件的那一刻，是我在为《蓝色星球Ⅱ》工作期间，最使我感到恐怖，也是最糟糕的时刻。问题是，我们对大堡礁了解得太少。在蜥蜴岛，我潜水超过 500 次，但直到在为《蓝色星球Ⅱ》拍摄时，为了寻找这些生物不寻常的习性，我才意识到珊瑚礁的石斑鱼和章鱼每天都在有规律地猎食，而且就在我做研究的那个珊瑚礁，有一条猪齿鱼会使用工具。它在向我强调，我们对海洋的了解多么有限，如果这些珊瑚礁继续存在的话，将有大量的未知领域等待着我们去发现。”

海水升温（上图） 在道格拉斯港寻找尚未白化的珊瑚。

不过，珊瑚有脆弱的一面，也有很强的复原力，一旦某些条件发生大改善，它们就能恢复过来。今天，它们正遭受更频繁的环境变化，一段时间是海水升温和飓风，过段时间是贪婪的棘冠海星爆发，这些都在侵害着珊瑚礁。我们已经知道，珊瑚礁是海洋的药典，如果失去了它们，21 世纪的药品清单就会变得日益匮乏。

向上漂浮的“暴雪”

2016 年，与澳大利亚大堡礁北部相比，南部的珊瑚受白化侵害较少，珊瑚虫能完成每年的生命繁衍。刚满月后的夜晚，当海水温度上升，它们会群起以赴，参加一场巨大的盛会。

繁殖的夜晚，珊瑚格外耀眼。每个珊瑚虫都会参加这场盛会，向水中排出卵子或精子。数量如此之多，很快就聚起了一场“暴雪”，不过这雪是向上漂浮的，雪的颜色也不是白色的，而是有红、黄、橘等各种颜色。它们慢慢浮向海面，在那儿完成受精。

尤兰德·博思格作为潜水行家，以及大堡礁的海洋生物学家，曾多次目睹过这样的产卵盛况，而且看到的一次比一次令人印象深刻。在《蓝色星球Ⅱ》摄制期间，她和她的团队看到的这一场尤为壮观。

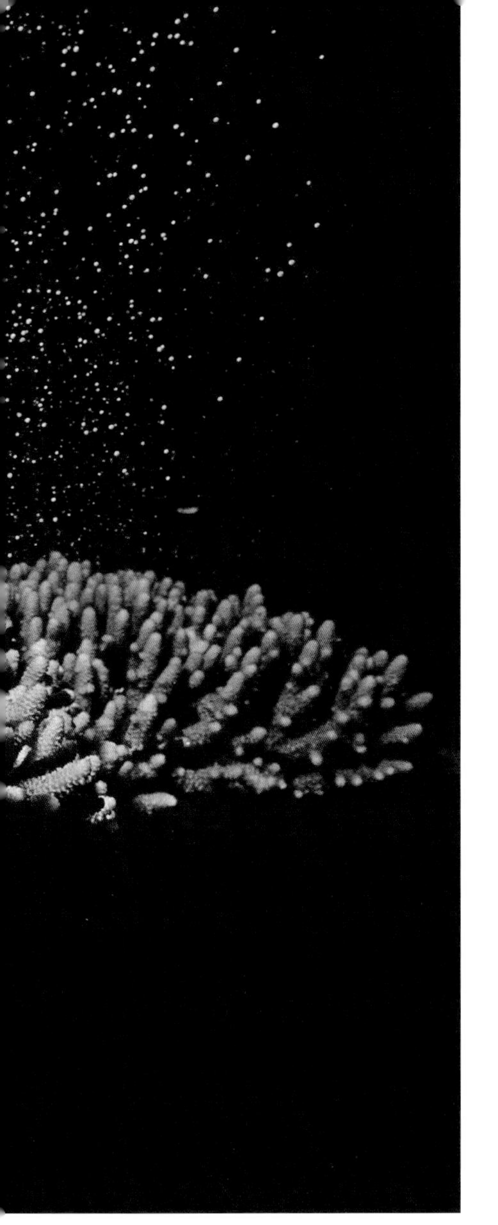

彩色的“暴雪”（上图·左） 大堡礁数量众多的珊瑚虫，在水温、海浪以及月圆等条件具备时，会在同一天夜晚，大量排卵，受精繁殖。

亮点（上图·右） 珊瑚虫会同时排出卵子和精子，它们呈水柱状浮向洋面。

“水中有如此多的卵子，我几乎分辨不出仅在下方 1 米处的摄影师。真是一场炫目的暴雪。”

这样的一场盛况能持续好几天，依不同的地点，可以在不同的月份进行，而且不同种类的珊瑚虫会在不同时期繁殖，避免杂交。近海岸的珊瑚虫大约是在十月首次满月之时，外海的则在十一月和十二月。决定这些的主要因素是月相和温度，日长、盐度、浪高等情况对珊瑚的繁殖也会有所影响。

受精卵会逐渐进化成珊瑚幼虫，也就是通常所说的浮浪幼虫。浮浪幼虫会被波浪带到远洋，并随波漂流，比如鱼的幼虫就是这样，直到它能找到一个地方安居下来。当珊瑚幼虫最终到达一处珊瑚礁，它必须做好与那里原住民竞争的准备。但不管怎么说，能找到这么一处可以安家的珊瑚礁是幼虫们的首要挑战和任务，而引导它们找到家园的则是声音。

寻找家园之路

科学家们发现，像珊瑚、鱼、蟹类以及龙虾等浮浪幼虫，能从远洋找到回家的路，靠的是从礁上传来的声音，他们以此来选择和确定安身之所。

浮浪幼虫能侦测到来自成年鱼类以及礁上无脊椎动物的声音，包括它们捕食虾类和海胆时发出的声响，这些声音像灯塔一样照亮了它们寻找家园的路。声音对它们的影响非常深刻。小丑鱼尚处在胚胎时，就能在整整一周时间内，持续回应声音。所以，在它们被海浪冲走之前，就已经有了对出生地礁石的记忆，它们的父母在这里生活，并且成功地繁殖了下一代。当浮浪幼虫接近一个具有类似声音背景的礁石时，这是一个暗示：这里是能安身立命的地方。礁石的声音同样能诱发它们身体结构和心理上的变化，使它们进化到一种可以在礁上安居的状态。

一旦它们抵达目的地，一些鱼就开始制造声音。像全世界的小孩一样，小鱼尤其吵闹。比如，小灰鲷鱼会发出跟它们父母一样的类似敲击的声音。这种“合唱”常发生在晚上，通常认为，这样做是鲷鱼浮浪幼虫在自身体小且弱的情况下，聚在一起，形成一种保护。

对它们这种听觉能力产生危害的是人类制造的噪音：轮船的发动机、摩托艇、打桩机、风力涡轮机，都能影响浮浪幼虫找到可以定居的礁石。但有利的一面是，通过在水下发出相关的声音，科学家们像花衣吹笛手[①]一样，吸引那些浮浪幼虫前往已被白化侵蚀的礁石，像大堡礁北部的一些珊瑚礁，帮助这些珊瑚礁恢复生机。

不过，科学地讲，最让一只鱼类浮浪幼虫开心的是听到它们同类的声音，这种声音可能引导它们去往一个特定的能安身的地方。这种声音也不是来自礁石的声音，虽然它们可以根据这种礁石的声音来判断礁石的自然状况。过去，我们认为浮浪幼虫能找到这样的礁石，纯属运气。但更多的证据显示，不是这样的。这些小鱼对自己的命运显然有着更大的掌控力。

① 花衣吹笛手，德国童话传说，他通过吹笛子引走全城的老鼠，在没有拿到报酬的情况下，又吹笛子引走了全城的孩子。

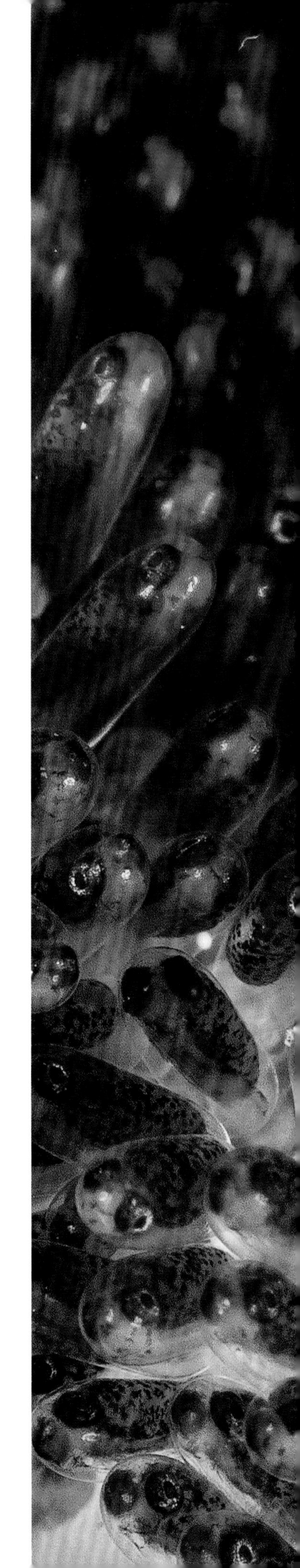

新生（右图） 幼年的小丑鱼在它们透明的卵中生长，之后在远海中生活一段时间，最终返回珊瑚礁。

第 4 章

绿色海洋

大海中的丛林

人们常说热带雨林是地球的“肺”，但故事不止于此。海洋在控制氧气和温室气体二氧化碳上扮演着更重要的角色。海洋生命，包括最小的浮游植物，制造了地球上将近一半的氧气，吸收了自工业革命以来排放的二氧化碳总量的 1/3。高达 70% 的二氧化碳由海草甸、盐沼和红树林捕捉收集，或者由海藻森林回收，然而众所周知，这些“蓝色的森林”只覆盖了不到 0.5% 的地球表面。面积也许不算大，但是它们对我们的地球健康至关重要。地球的健康正面临着威胁。上升的海平面，幅员辽阔的沿海地区开发，只这两个例子，就已经把地球的肺挤得喘不过气了。世界文化遗产组织（UNESCO）警告过，这将大大增加现有的环境压力，威胁食品安全，引发资源方面的冲突，导致大量种群失去赖以为生的生存手段。海藻森林、盐碱沼地、海草草甸和浮游植物的健康，对于我们，对于这个星球上的其他生命而言，就是如此至关重要。

藻岛（左图） 在海藻森林中和漂浮的海带岛中依附着众多的幼鱼。

海带堡垒（前页） 加利福尼亚海岸外，旧金山附近。幼鱼藏匿在海带堡垒之中。

武装章鱼

濒临非洲南部的大西洋海域，是地球上物产最丰富的区域之一。西南季风驱动着本格拉寒流北上，影响这一片海域。在这里，风对于海洋生物意义重大。风向大致与海岸线平行，但由于受到地球自转产生的偏向力的影响，水的真实流向与风向垂直。在这块南半球海域，水向左方流动，在北半球则是向右方流动。这意味着，海湾表层的海水被风吹离海岸，海面以下 200~300 米区的海水上涌，取而代之，这些下方的海水寒冷而富含营养物质。海水向上流动，洋流靠近大陆，为浮游生物的生长提供能量，也支持着以海竹为主的海藻森林的生长。这些森林自非洲南端的阿古拉斯角一直绵延至纳米比亚中部。

据估计，本格拉寒流所带来的生产效率超过大西洋平均水平的 65 倍。所以，这个富含营养的系统，可以支撑数量巨大的海洋生命的生活。

据科学家估计，这里的生物量大约在每平方米 50 千克，而在塞伦盖蒂平原只

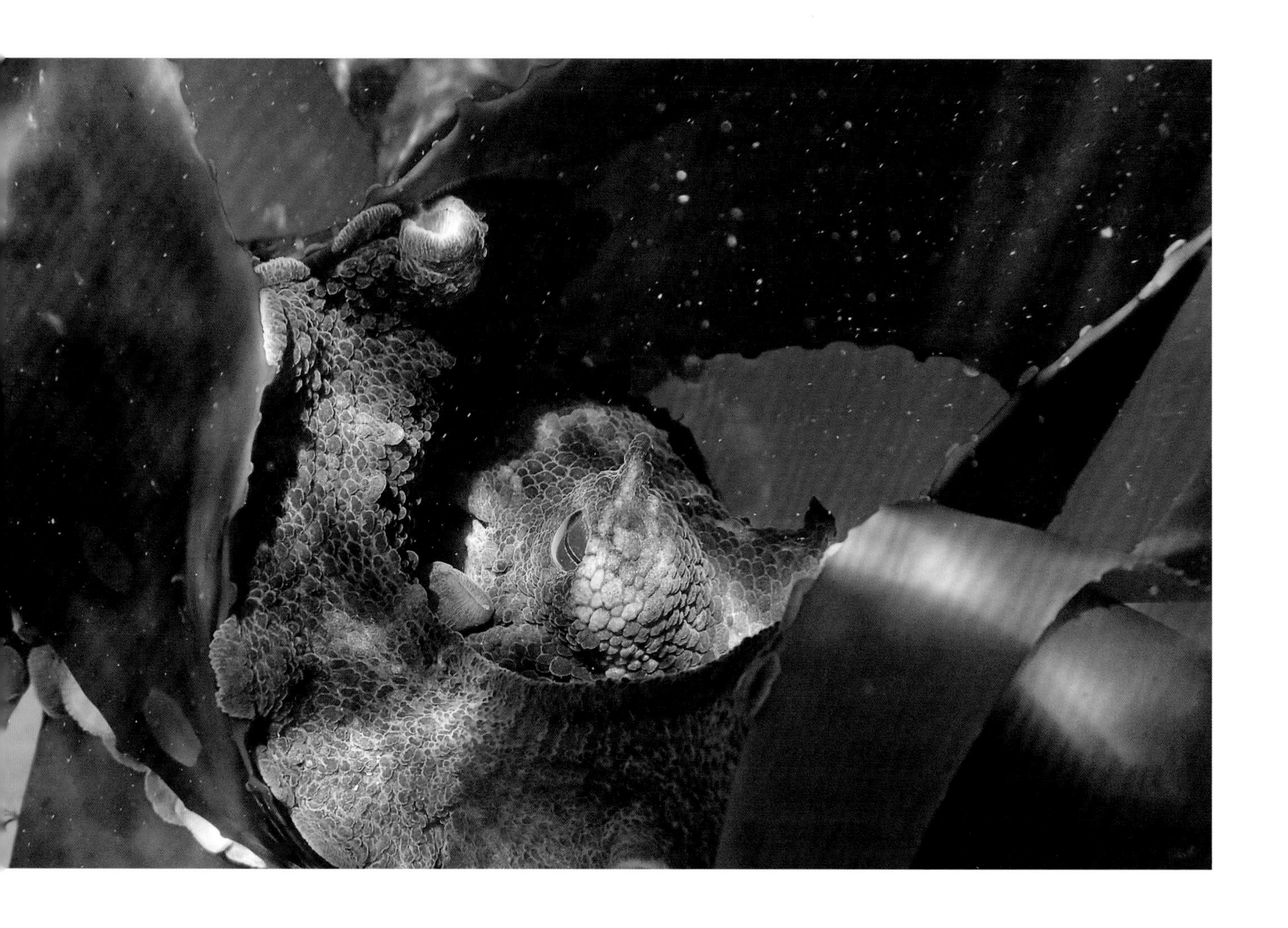

海带装甲（左图） 一种常见的章鱼，借助海藻保护自己。

头号捕食者（下图） 带纹长须猫鲨（也称为睡袍鲨）是游弋在南非海藻森林中为数不多的几种鲨鱼之一。一有机会，它就会捕食章鱼。

有 5 千克。这是世界上最为丰饶的重点产区之一，比深耕细作的田野和热带雨林更为高产。食物如此之多，所以这片海藻森林生活着为数众多、品种繁盛的鲨鱼和鳐鱼，以及非常具有创意的章鱼。

这种常见品种的章鱼分布在世界各地，它们可能是被研究最多的章鱼。章鱼被认为是最有智慧的生物之一。毕竟，章鱼有 5 亿神经元，几乎和家狗相当。章鱼的神经元大多分布在它们具有极高灵敏度的手臂中，由于处于非大脑中，这令它的感知能力独一无二。南非制片人克雷格・福斯特发现，章鱼把自身所有的特点运用得很好。在过去三四年间，他经常观察到普通的章鱼离开居所进行捕猎，不时也会看到一些失去了某些手臂的章鱼，这很有可能是曾经遇到了海豹或鲨鱼。

在南非的海藻森林中，海狗经常捕食章鱼。某些种类的鲨鱼也会捕食章鱼。例如，形态优美的睡袍鲨住在森林地表附近。3 米长的赛文吉尔鲨组队捕食猎物，有时多达 18 条鲨鱼会共同在这片森林中狩猎。这里还有更多的鲨鱼，包括大白鲨，所以章鱼需要足够聪明才能在这片翻滚着鲨鱼的水域中生存下来。

盔甲（上图） 章鱼闪电一般搜集起贝壳和小石块，迅速为自己罩上了一套铠甲。

第一道防线就是将自己隐藏起来。章鱼可以感知自己所在的海床颜色和纹理，然后把自己变得与之接近。章鱼皮肤上的色素细胞和特殊肌肉形成的有机网络，据说与数字电视显示屏相似，这使它能够在短时间内变换颜色和纹理；第二道防线就是喷出一团墨水，让自己消失在对方的视线中，同时也可以扰乱捕食者的感官。随后，章鱼身上的虹吸器向后方喷水，将自己弹射出去，躲到最为细小的石缝中去。在那里，捕食者将无法尾随。章鱼还可以把一个腕足割舍给捕食者，然后再长出新的腕足。不过，头部的咬伤对它来说是致命的。对于大多数种类的章鱼，情况都大致如此，不过南非的普通章鱼却有些不同的防御技能：保护头部的技能。

"两年来，我每天都在海藻森林中潜水，"克雷格解释说，"我遇到了一种奇怪的景象。一只大章鱼在海床上，身上覆盖了海竹作为掩护。它失去了一只腕足，附近有几条睡袍鲨在游荡，却无法突破厚重的海藻防线。章鱼将腕足覆盖在自己脆弱的头部上方，吸盘向外，以固定海藻防护。十分钟后，鲨鱼消失了，章鱼小心翼翼地把自己的海藻保护筐打开一个小口，眼睛往外看。确认鲨鱼都走了后，它这才扔开海藻，迅速前往一个窄小的洞穴避难。"

海藻防护（上图·左） 福尔斯湾的章鱼是唯一被观察到使用海藻或海贝进行自我防护的章鱼。

你看，看不见我（上图·右） 章鱼更为传统的自我防护方式是改变自己的皮肤颜色和纹理，以贴合自己所在的环境。

“后来，一条大母章鱼已经适应了我的存在，它开始忽视我。有一次，它在外出捕猎的时候，遭到一条猫鲨的攻击。我得以幸运地观察到它使用自己最有用的防护技能——拟态和喷墨。它用吸盘抓起至少六七个贝壳和石子，做了一个铠甲来保护自己的头部。它调整姿态，收紧腕足，不留一点儿死角。”

克雷格还看到，当这个举动没能吓走攻击者时，章鱼扔掉了铠甲，就像直升机投掷烟幕弹一样喷墨后迅速撤离，只给鲨鱼留下一片贝壳和石子，在一团墨汁的掩护下，它漂亮地逃脱了。“我意识到，这些章鱼逃脱捕食者的方法，是科学上的一个新发现。”

克雷格和水下摄影师罗格·霍洛克斯（Roger Horrocks）为《蓝色星球Ⅱ》第一次拍摄到了这种情形。但是不久之后，克雷格就发现一件恶劣的事情。当地的一家捕鱼公司开始捕捉章鱼，并收获了数百吨章鱼。

“一连很多天，”他指出，“章鱼被关在完全黑暗的笼子里，没有食物。对于具有如此智慧的生物而言，这是纯粹的折磨。最后，船到达目的地，所有的章鱼都被拖到岸上，被屠杀，出口。这点儿经济利益，相对于给海藻森林生态系统造成的破坏而言，简直是微不足道。”

过度营养

这片海域，尤其是纳米比亚沿海附近，有时恰恰因为高产而受到伤害。除了上涌的海水之外，河水是另一处营养源。但有时好东西可能会泛滥成灾，河流可能带来死亡。农业灌溉用水将过多的肥料带入了海洋，导致浮游植物过度生长，为浮游动物和以浮游动物为食的鱼带了来一场实至名归的盛宴。但是，如果食物远远超出鱼的食量，或者由于过度捕捞使鱼的数量严重下降呢？那么蓝藻就会大量繁殖，造成水中的溶解氧浓度也迅速降低。当过多的蓝藻互相覆盖造成无光环境后，它会大量进行有氧呼吸。这最终会导致浮游生物的大量死去，其腐败过程中的细菌会消耗掉水中的氧气。厌氧菌会占据主导地位，并产生大量的硫化氢，随后硫化氢在海床上富集，直至大量喷发，杀死所有在过度捕捞和低氧环境中幸存的鱼类，这真是双重打击！

当地渔民知道，当硫化氢的“臭鸡蛋”气味侵袭村庄的时候，大规模死亡现象就将发生。美国国家航空航天局（NASA）可以从近地轨道的卫星上观察到这些现象。这意味着大饥荒，海藻森林失去了居民和来访的鱼类，最终恶果将波及整个生态系统。

窒息的大海（下图） 从太空中观察到，农业肥料和城镇排水导致沿海海域藻类和细菌的爆发。氧气被消耗殆尽，几乎杀死了大部分其他海洋生命。

太平洋怪兽（上图） 一头巨大的太平洋章鱼外出捕猎。除了平常能够捕到的蟹类和龙虾，它还能抓到小鲨鱼，尤其是白斑角鲨，甚至还有人曾见到章鱼捕捉海鸥。

巨怪生长的地方

海藻对生活的地方很是挑剔，条件要恰到好处。通常在干净的、温度适宜的两极附近海域，大多是不超过 40 米深的地方，有着上涌海水来提供森林所需的营养物质。并且，最为重要的是，水温要低于 20℃。北美的太平洋海岸就符合这些条件，这里可能生活着世界上最为广阔的海藻森林。这些海藻从阿拉斯加一直延伸到南美的下加利福尼亚州。这片海洋森林里生活着世界上种类最多的海藻。

在森林北部高纬度区域，主要的海藻种类是巨藻，它们能够长到 35 米长。巨藻是一年生植物，会在冬天的暴风雨中被摧毁，但是在冬季，巨藻会在它的残骸附近产下孢子碎片。所以，新的海藻附着在合适的基座上，到了春天，它们将在最适宜的位置开始生长。在很多巨藻森林中，头足类动物很常见——这里最大的种群是巨型太平洋章鱼。

腕长 9.8 米，体重 136 千克，巨型太平洋章鱼与深海七臂章鱼并称为“世界最大章鱼”，这令助理制片人约翰·钱伯斯（John Chambers）印象深刻。

巨型海草（右页） 在英属哥伦比亚近海海域，巨藻形成一片林冠，在这里，黑石斑鱼成群结队出没。

巨人的巢穴（左图） 在巨藻森林中，巨型太平洋章鱼有它日常隐蔽的巢穴。

“巨型太平洋章鱼看起来并不符合任何其他动物的规则。它可以更改形状、颜色和纹理。任何东西只要比它的眼睛或喙大，它就能够挤进去。我们可以看到它在岩墙上爬行，完美地掩饰自己，如此慢条斯理地跟踪猎物。当距离足够近的时候，它以令人难以置信的速度扑向猎物，‘覆盖’受害者，自己的皮肤闪亮着耀眼的白色，好像狂怒一般。

“大部分时间，我们很难看见章鱼捕食。我们以为它是躲藏在岩石底下，但当我们真正观察一只章鱼时，才发现它是将自己拟态，隐藏在一块暗礁上。透过它的表皮，隐约可以看见螃蟹形状的猎物，那是它正在消化的食物。

“当我们还不太熟练于找章鱼时，在海下一个洞穴里发现了一只章鱼。‘太好了，终于找到章鱼了。’于是我们将这只章鱼做了标签，以便追踪。当我们再次返回水下这个洞穴时，发现那只章鱼还在那里，一头加利福尼亚海狮正疯狂地摇晃它。很显然，找章鱼，海狮比我们在行！”

巨藻森林的小动物们

在太平洋海域的南部区域，有一种更为巨大的海藻占领了这片海域。这就是巨藻，这种怪物生长速度可以达到每天 50 厘米，最高能长到 60 米，寿命长达 10 年。这是世界上生长速度最快的生物之一，也是世界上最大的海藻。

和其他种类的海藻一样，巨藻外表像一棵树。它长有固着器，固着器并不是根，而是手指一样的突出部分，紧紧抓住海床上的岩石。巨藻向着海平面生长，茎上有着树干一样的条纹，上面有很多增添浮力的球胆。藻身的最上端是分叉的叶片，呈刀锋形状，就像树叶一样，巨藻与树的相似之处还有很多。

巨藻森林和热带雨林一样，有着同样的分层——冠木、下层林木和林间地面。如果海藻长度超过水深，它们金棕色的叶片就会在海洋表面蔓延，形成一片沐浴在阳光下的密集的“地毯”，但这会阻碍下层的阳光。更小的海藻种类会占据下层林木，而在相对黑暗的深海底层，则生长着矮小的红色和绿色海藻。而且，就像在雨林里一样，不同的层级中生活着不同的动物。

俗名“骷髅虾”的端足类身量纤小，几乎难以寻觅它们在叶片间出没的身影，它们生活在巨藻森林的上层，在这里还生活着糠虾、海藻蟹和钟螺。下层林间是石鱼和羊鲷等诸多鱼类的巡游之地。海胆和海星则占据着海床。巨藻的固着器为超过 150 种中小型无脊椎生物提供了栖息空间。这里是一片理想的藏身之地，一项研究发现，塔斯马尼亚五棵巨藻的固着器上，生活的生物多达 23 000 个。

透明海兔（右页） 透明的海兔附在巨藻上，正张开用触须武装的口笠，过滤着海水，捕食来往的桡足类、端足类、糠虾等小型甲壳纲类生物。

巨藻花园（左图） 巨藻森林的地面通常长满了五颜六色的海洋生物，例如乳白色的海绵和红色的大丽花海葵。

爬藻蟹（上图） 有一些种类的蜘蛛蟹在海藻间生长，它们会缓慢而不失灵敏地攀爬在巨藻根部和叶片上。有些蟹还会吃海藻。

这些动物大多生活在巨藻之间，而其他生物则是访客，前来找寻食物、产卵或是给后代安置成长的安全环境。这使得巨藻森林成为海洋中最具季节性和生物多样性的区域之一。南非的巨藻森林产量高，而东北太平洋森林则更具生物多样性。例如，一种不同寻常的海兔生活在这里，这种海兔和其他海兔有着截然不同的进食方式。它不会用舌头将海藻从岩石上刮下来，因为它长有口笠。

长有口笠的海兔将自己紧紧地附着在巨藻基底上，以桡足类等小型甲壳纲生物为食。海兔张大自己的口笠，向下拂扫，就好像撒网一样。一旦有猎物落入网中，口笠合上，海兔的触须将猎物赶入自己口中。鱼，包括藻海鲫、藻鲈鱼和大型藻鱼，它们在这片海域中巡游，也会捕食海兔，但是海兔长着牛角形的鳃，可用来迷惑攻击者。海兔还在触角上产生黏稠的分泌物，触角不时蠕动，以分散鱼类的注意力，甚至倒它们的胃口。海兔有时候也会报复捕食者。藻鲈鱼的幼鱼很小，有时当这些幼鱼进入森林的时候，带口笠的海兔会随时准备捕杀它们。

森林之夜

电击者（下图） 太平洋电鳐游弋在加利福尼亚州海岸线外的巨藻丛中。它用尾巴推动自己前进，因为它的身体密度与海水密度相同，在水中游动需要的能量较少。

夜晚，一个令人脊骨发凉的鳐鱼家族成员正在潜行——太平洋电鲼，也称电鳐。它能将物理力量转为电能，它那一堆肾脏形状的肌肉电池能够产生 45 伏的直流脉冲电流，可以电晕猎物，或者抵御攻击者。

白天，电鳐藏身在森林地面，伏击任何进入它攻击范围的猎物。它能从侧面感知水流中的活动情况，而鼻子上的电流探测装置能够告诉它目标在哪儿。一旦发现猎物，它就用身体包裹住目标，然后迅速用脉冲电流袭击对方，电流的强度之大足以击晕一个人类潜水员。

夜晚，电鳐则摇身变为活跃的猎手。它从海底起身，随时准备截击藏匿于下层林间的鱼类。它尾随一片鱼群，或随着水流前行，当离猎物只有 5 厘米的时候，它猛地向前冲去，覆盖住猎物，用电流击晕它。电鳐会首先吃掉猎物的头，然后再从容地享用美餐。

加里波第花园

在海床上，生活着一种很有原则的鱼，它们坚决捍卫自己的领地。这种亮橙色的加里波第鱼随时准备抗击所有来客。当一条雄性加里波第鱼成年时，它就会开始寻找一块合适的珊瑚礁，那儿能很好地遮蔽暴风雨。每年三月，它把这片成为自己巢穴的区域清理干净，慢慢啃食掉大部分海草，留下一小部分作为装饰。这些装饰用的海草被修剪得很整齐，大约有几厘米长。随后，雄鱼做好准备，以吸引一位伴侣来到自己的花园。

四月上旬，雌鱼出现了，如果它们对雄鱼的园艺足够满意，会偶尔将鳍竖直上扬，轻描淡写地表示自己的兴趣。雄鱼则绕圈游泳，发出沉重的声音作为回应。如果雌鱼看起来中意了，雄鱼会游向自己的花园，期待雌鱼会尾随而来。但是雌鱼十分挑剔，要逛 15 个花园才能选择一个。而它们的决策并不会因为雄鱼的表现，或者它花园的美丽程度而受影响，起影响的是其他雌鱼是否已经在这个花园中产下卵了。

橙色的鲷鱼（下图） 亮橙色的加里波第鱼是鲷鱼家族中最大的成员。它也是加利福尼亚州的州鱼，在加利福尼亚州水域受到保护。

守卫领地（上图） 雄性加里波第鱼强势保护自己的巢穴领地，它会挑战比自己大数倍的生物，甚至是潜水员。

雌鱼不愿意在空荡荡的巢穴中产卵，所以雄鱼第一次追求雌鱼的经历应该不会顺畅。但是，一旦雄鱼受到欢迎，雌鱼会排队将自己的卵存在它的巢穴中。要达到这个目标，雄鱼首先要让自己的巢穴中有刚刚产下的亮黄色鱼卵。然后，其他雌鱼就会蜂拥而至。在一只雄鱼的巢穴中产卵的雌鱼可能会多达 20 条。雄鱼极具领地意识，一旦雌鱼完成产卵，就会立刻将它们赶走。连 BBC 的摄影人员都受到了同样的驱逐。

"那条鱼攻击摄像机镜头，"助理制片人萨拉·科纳（Sarah Conner）说，"它甚至向我们的面罩冲了过来，也许在面罩上还看到了自己的影像。它可真是个脾气火爆的家伙。"

但对雄鱼而言，一丝不苟地守护自己的后代是最为重要的事情。它孵化鱼卵，细心守护它们，直到两三周后这些鱼卵孵化成鱼。它的领地看起来被标识得很好，因为就在 60 厘米开外，另外一条雄性加里波第鱼也在安详地进食海草、海藻、苔藓虫和管虫，以及海星和海胆的腕足。邻里之间相安无事，每一条鱼都谨慎地守卫自己的家园。在篮球场面积大小的一片区域里，多达 40 条加里波第鱼可以划出各自的领地。亮橙色条纹不时闪耀在棕绿色的森林间。

海胆和海獭

带刺的绒垫（左页） 海胆的数量有时会快速增长。通常它们的数量又是由龙虾、羊鲷和海獭等捕食者的数量决定的。

工具使用者（下图） 一头海獭仰卧在海上，享受着海胆大餐。

海胆是最常侵犯雄性加里波第鱼领地的对手之一。一两只海胆的话是容易对付的，加里波第鱼只要用嘴叼起海胆，将它们拨弄出去就好。海胆是当地社群的一部分，但有时候森林里的海胆会泛滥成灾，尤其是紫色海胆。对于巨藻和其他生活在巨藻森林中的生物而言，海胆的泛滥是件后果严重的事。

海胆经常啃食巨藻的固着器，有时候，海胆的种群数量太多，会吃掉所有的固着器，导致巨藻森林的一大片藻类失去抓力，随水流漂移或被冲走或者冲上海岸。海胆数量的爆发通常是由于它们主要天敌数量的减少，尤其是水獭的减少，令得海胆数量失控性地增长。

对于巨藻森林而言，海獭是重要的种群，它们是森林的守护者之一。为了生存，海獭每天必须摄进相当于自身体重 25% 的食物——这意味着一只 7 岁大的健康海獭每天要吃掉 80 个 100 克重的汉堡。海獭的饮食包括大量的海胆、蟹类、蚌类、贻贝、鲍鱼、虾，以及鱼。海獭的胸口会备有一个“砧板”，用来击碎坚硬物体，这令海獭成为为数不多的能够使用工具的海洋哺乳动物之一。

海獭习惯独自进食，但通常同一性别的海獭会在一起休憩，为了避免被水流冲到海里，它们会用巨藻叶子卷住自己，让自己稳稳地锚定在海床上，这样的群体被称为“海獭筏”。雄性“海獭筏”成员数量一般比雌性的要多。有时超大型的“海獭筏”成员多达 2 000 只，这是目前已知的最高纪录。

然而，这样的数量在过去的100年里已经变得非常罕见了。海獭度过了一段艰难的时光，问题出在它们的皮毛上。海獭是海洋中的“泰迪熊”，与其他海洋哺乳动物不同的是，海獭的皮下并没有油脂。它们有着极为浓密的毛发，在几平方厘米之内可以有多达上百万的毛发，比人类的头发密度高10倍，这也是它们不幸的源头。从18世纪到20世纪初，海獭因为皮毛而遭到捕杀，曾经一度幸存的海獭不超过2 000只。保护性举措将海獭从灭绝边缘拯救了回来。在20世纪，海獭的数量恢复到了屠杀之初的1/3。这算是一个动物保护的成功案例。

不过，国际自然保护联合会（IUCN）仍然将海獭列为“濒危物种”。海獭仍然受到偷猎、原油泄漏和捕鱼设备缠绕等伤害。在南加州，弓形虫和寄生虫对海獭来说也是个威胁。而在海獭栖息地的北部，出现了一个对海獭种群数量产生了巨大影响的新情况。

海獭筏（下图） 一群海獭用巨藻叶子当作锚链，以防止被海浪冲走。

在东南阿拉斯加海岸以外，虎鲸在捕食海獭，这是一个令人震惊的新发现。海獭的肉也许并不美味，相比虎鲸一般的捕食对象，海獭也过于娇小。但是这些黑白相间的猎手们常吃的富含油脂的海豹和海狮现在供不应求，海獭也就成了猎物。海豹和海狮数量减少的原因可能是北太平洋上的过度渔猎。它们通常的食物，比如青鳕鱼，现在因为人类的大量捕捞数量正在下降。这一系列事件的因果联系，导致海洋中不同地域的生物，无论生活在远海还是近海，都彼此相互依赖生存。

虎鲸转食海獭的结果就是，海獭群体又一次遭到打击，数量下降。而随着海獭的减少，在巨藻森林中，海胆占据了上风。于是，铺天盖地都是海胆，鲜少有其他生物的状况出现了，这片海底地带变成了科学家们口中的“海胆荒漠”地貌。在成年海胆老死之前，这些海胆都会一直留在原地，但荒漠地貌并不适合海胆幼崽定居繁衍。最终，这一状况会反过来限制海胆数量的增长，这时巨藻就有机会重新壮大起来。这让科学家们有了这样的猜想：这或许就是生物界盛衰循环的自然规律吧！

冬季风暴

在这些巨藻森林中，冬季风暴是自然周期的一部分。在一年的最后一个季节，北美太平洋海岸风开始动起来了。秋天和冬天的大风，在十月兴起，十二月最为肆虐。风暴卷起海浪，击碎巨藻森林，将固着器从岩石等基座上撕扯下来。附近的海

被撕开的巨藻（上图） 强大的风暴将巨藻从海床上扯起，甩到附近的海滩上。

藻岛（下页） 顺水漂流的巨藻浮岛支撑着一个短期的生态系统，其中有很多种海洋生物，尤其是幼鱼。

滩成了垃圾倾倒场，海草蝇和沙蚤在此繁衍。漂浮的大堆巨藻，即“藻岛”，则会流入大海，形成暂时的、自成一体的生态体系。一些小型内海鱼类和无脊椎动物被困在藻岛内，随之漂流。浮岛会吸引大洋浅层的捕食者，如金枪鱼等。藻岛向南漂流，一直到达更为温暖的水域，此时大多数巨藻已腐烂败坏。但如果有巨藻能幸存下来，继续随洋流前行，也许这就是巨藻在世界其他地方扎根的一种途径。

巨型乌贼

在南半球，南美洲太平洋海岸线外横亘着一片硕大的巨藻森林。这片巨藻森林是人类最早研究的巨藻森林之一，而研究员只有查理·达尔文（Charles Darwin）。达尔文曾经在南大西洋阿根廷海域见到过这样的巨藻。巨藻是澳大利亚南部海域藻类森林中最主要的物种。

这些澳洲海藻丛是另一种出色的头足纲动物的家园。在冬季，这种动物会准备自己一年一度的哺育聚会。这是一个盛大的活动，主要的参与者是巨型乌贼。巨型乌贼的体长超过 60 厘米，是乌贼家族最大的成员。在斯宾塞湾，巨型乌贼离开深水，向更浅的礁石前进。当冬天来临的时候，会有数万条巨型乌贼赴会。雄乌贼数量远远多于雌乌贼，每一条雄乌贼都要努力脱颖而出。

在一年中的其他时节，雄乌贼总是低调行事。这些雄乌贼颜色并不显眼，能够隐藏在周围环境中捕食虾、螃蟹和鱼。科学家们曾近距离观察这些乌贼，发现在哺育季节这些雄乌贼的活跃程度大为提升。

雄乌贼会不断变换皮肤上的图案，来吸引雌乌贼的关注。体形大的雄乌贼会占据主动，它们会保护一窝雌乌贼，同时震慑对手。它们的手段是让自己看起来身材更硕大，颜色更鲜艳，更凶狠好斗。这些头足类动物能在彼此之间感知到对方的强弱，弱者会自动退去，而胜利者则立即去寻找是否有交配的机会。也许这场游戏是靠化学信息传导的，但这只是猜测，还没有明确的证据。

与此同时，雌乌贼如果没有兴趣，身体就会变换为闪亮的白色条纹来表示。雌乌贼有决定权。雌乌贼不仅会和那些色泽华丽的雄乌贼交配，还可能欢迎任何路过的雄乌贼，无论它们的表演有多么拙劣。

个头小的雄乌贼靠变性来竞争，或者，至少是假装变性。它们使用雌性一样的色彩图案，以求混进这场聚会之中。然后再显示自己真正的颜色。如果成功的话，可以与多条雌乌贼交配，但得尽快变装回来，以免被雄乌贼撞破，而遭到报复。

《蓝色星球Ⅱ》研究员尤兰德·博思格正好处在它们聚会的中央：“摄影师休·米勒（Hugh Miller）和我突然目睹的这一切，只能叫作深海情景肥皂剧。我们能够看到的地方，到处都是巨大的耀眼的雄性，它们用自己的全部肌肉和力量保护它们的雌乌贼。然后小一些的狡猾雄乌贼则伪装成雌乌贼，从雄乌贼眼皮下偷走这些雌乌贼。小雄乌贼团体行动，会分散大雄乌贼的注意力，拐走它们的雌乌贼。雌乌贼则会表现出她们的决断，有的会用醒目的白色条纹赶走这些追求者。我们被这情节吸引住了。”

全神贯注的乌贼（下图） 研究员尤兰德·博思格观察到了南澳大利亚巨型乌贼交配的趣事和诡计。

一旦一对乌贼互相心仪，便开始头对头地交配。雄乌贼将腕足裹在配偶头上，将小囊精液送给它。雌乌贼将精液存起来，或放在喙边上一个特殊的容器中。最后，它会产下卵。卵外层为皮质，形状像柠檬，白色的。每个卵都被区分对待。雌乌贼拿出一个卵，将它放入精液容器中，完成后将卵系在岩洞和石缝中下层岩石上。这是一场凄美的风流：在繁育季节乌贼禁食，产卵后它们身体状况急转直下，不久就会相继死去。

冬季繁育（下图） 冬季布满礁石的海底，一大群乌贼在繁忙的求偶活动中似乎要小憩一下。

曾经一度有数十万只乌贼参加集会。但是近年来，乌贼的数量已经越来越少。虽然海洋水温和酸碱度的变化可能对它们也有影响，但过度渔猎也是原因之一。正如南非章鱼的命运一般，这些乌贼也遭到了大规模猎捕，随后被用作捕捞红鲷鱼的猎饵。随着红鲷鱼数量的起伏变化，乌贼的数量也发生了变化。乌贼的种群数量近几年有所回升，这跟禁渔有关，但它们的数量还没有恢复到历史水平。这是对海藻森林和其间居民的另外一个威胁。

巨藻森林的困境

巨型乌贼生活的巨藻森林是温带海洋生态系统的一部分，这片巨藻森林被澳大利亚西部大学的科学家叫作“大南礁”，从而与澳大利亚“其他珊瑚礁”区分开来。岩石礁和巨藻森林是相互联系的，沿着澳大利亚的南部河流延伸了 2 300 千米。从东部的布里斯班起，环绕塔斯马尼亚，到达西澳。这是一个重要的旅游景点，也是捕捉岩石龙虾和鲍鱼的重要渔场。每年，这里为澳大利亚贡献超过 100 亿美元的经济收入。

这里还是一个充满生物多样性的热点区域，1/3 的生物都生活在礁石上，其中有一些生物遇到了麻烦。比如说，曾经遍布整个塔斯马尼亚东海岸沿海的巨藻森林。巨藻森林是长发海龙、大肚子海马和黄鳍海草鱼的家园。但是自 1950 年至今，温度上升了 1.5℃，这已经超过了最适合海藻生长的温度区间，再加上海胆泛滥，令巨藻森林无法自我修复，现在巨藻森林的面积已经减少了 5%。缩小的巨藻森林也会给商业捕鱼带来巨大损失。

在世界其他地方也出现了类似的状况，但这并不是一种全球性趋势。一项针对全球范围内海藻森林的调查已经持续了半个世纪，援引全世界海洋生物学家们的数据，这项调查发现，世界上 1/3 的巨藻森林在衰退，1/3 在增长，而另外 1/3 只有微小变化。

全球变暖只是一个原因，除此之外，还有其他诱因。例如，在南澳大利亚，污染可能难辞其咎；在加拿大新斯科舍，与巨藻竞争的海藻种类非常之多；在智利中部的海域，海水温度在下降，而非上升，所以巨藻森林的覆盖率应该会增加，但数据显示却是下降。这是因为出于对海藻盐的需求，人类对海藻进行了过度采摘。

北半球的很多地方，巨藻森林并没有真正在减少，而是在移动。巨藻在向北扩张，在南部收缩疆土。例如，在英国，巨藻和其他海藻的面积与陆地上的阔叶林面积大致相当，跟威尔士的面积差不多。而且这些藻类森林正在向北迁移，转入更冷的海域。它们的位置被更喜欢温暖气候的海草种类所取代。

所以，在很多地区海洋环境持续衰退之时，巨藻森林的情况实属特殊。即便如此，巨藻森林仍是大洋中有用的“金丝雀”，它对环境变化十分敏感，而且也直接暴露在人类活动之中。采摘、污染、物种入侵、渔猎、娱乐，这些都会影响近海区域的生态。巨藻森林对商业捕鱼和海岸线保护都十分重要，其影响每年多达数十亿美元。所以，在巨藻身上发生的变化有着深远的影响，不仅关乎海洋健康，也关乎经济健康。

前后变化（下图） 潜水员捧着一张海水温度上升和过度捕捞龙虾之前的巨藻森林照片。龙虾能够控制海胆数量，而海胆会损坏巨藻。

活动的海草（下图） 海马的亲戚——海草海龙身形像叶片，不过，它的身材不是为了方便于游泳，而是为了帮助海龙将自己掩藏在巨藻或海草之中。

海洋草场

海洋中，仅次于巨藻森林的第二大“蓝色森林”是海草草场。从两极到热带，在浅海的避风港中都发现了海草草场。有的大草场在太空中仍然清晰可辨。海草种类很多，过去我们很少会关注到以它为主的生态系统，虽然这个生态系统呵护了丰富的海洋生命，是幼鱼的主要培养基地。这些鱼中，还有一些有很重要的经济价值的。据估计，1 万平方米的健康海洋草场可以养育大约 8 万条小鱼，超过 1 亿数量的微小无脊椎生物。在南澳大利亚，海草海龙就栖身在这样的海洋草原中。

难以发现（上图） 摄制组在南澳海岸外的海草草原中发现了这只海龙。

和别的海龙近亲不一样的是，其他海龙都拥有适于抓住海草的尾巴，而海草海龙却随波逐流。它的身体上有酷似叶片的装饰，所以看起来很像是在水中漂荡的海草。海草海龙用没有牙齿的嘴吸食浮游植物和细小的甲壳纲动物。约翰·钱伯斯可以从高速摄影仪上清晰地看到这些细节。

“我必须要承认，海草海龙几乎什么也不做。最难的是找到它们，它们掩藏得非常好，在海洋里像海草一样漂流，有时候一阵水流过来，它们就能够吃饱饭。

“吃东西的时候，海草海龙就像蜂鸟一样，悬浮在水中，啄食糠虾。它们啄食的速度快得惊人。我们必须通过高速摄像机，才能看清到底发生了什么。它们的口鼻非常符合水力学原理，以令人难以置信的速度吸食猎物。在一阵飞速地攻击之后，它们优雅地划走了，海草海龙的进食场景耐人寻味。”

翻犁海床（下图） 儒艮用它的上唇来撕咬海草，在身后的海底留下一个明显的沟或"啃食痕迹"。

雄海龙看护孵化的卵，不是像海马一样放在袋子里，而是塞在它的尾巴下。有时候雄海龙会做出非同寻常的事情来：它的卵会被覆盖上海藻。真正的原因尚不得知，但不管是为了应对海水变暖还是浅水中光线变强，这都可能是一种环境恶化的危险信号。

"有时候海藻会带来麻烦，" 约翰观察到了这样的情况，"当海龙孵卵的时候，小海龙努力挣扎要出来。当它们终于快要获得自由的时候，它们的尾巴不幸卡在了海藻里。"

海藻不仅会盖住小海龙，还覆盖了海草，虽然这对年轻的海龙造成了不便，但对于生活在海草草原上的幼鱼和无脊椎生物而言，海藻是它们不可或缺的食物。科学家们认为，一些吃海草的大型动物，如绿海龟和儒艮等，并非从海草叶本身汲取营养，而是依靠与海草共生的"海藻小树林"。

播撒种子的海龟

绿海龟在生命的一开始是吃虫子的。幼年时，它们吃海绵、水母、鱼卵、软体动物、蠕虫和甲壳类生物。等到成年之后，它们会转而以草为主，大口咀嚼海草和海藻。不过，这还不是全部。除了定期修剪海草草原，它们还有更为重要的任务，就是撒播海草。曾经人们认为只有洋流会传播海草种子，但是越来越多的证据表明，海龟以及其他海草啃食者，对海草的播种是有帮助的。绿海龟平均每天要吃 2 千克

深海割草机（上图） 一只成年绿海龟在啃食海草。它用锯齿状的上下颌啃食掉海草叶尖。这样的行动就像对草坪进行修剪养护一样，维护了草原的健康。

叶子，在粪便中排出25颗种子。它们不仅仅在老草场播种，也会在其他新地方播种。

不仅如此，我们还在实验中发现，通过海龟消化的种子发芽会更快。海草是在大约1亿年前演化而成的，海龟吃海草的时间大概已经有5 000万年，所以有可能两种物种在共同演化。

当然，危险无处不在。如果海龟数量过多，会啃食掉所有海草，无论它们是否会重新播种海草，这都会造成巨大的危机。不过不必担心，大自然已经针对这种情况给出了解决的办法，虎鲨会保护海草，因为它们控制着海龟的数量！

锯齿

虎鲨拥有能够切开海龟壳的锋利牙齿。它们的牙齿就像链锯一样，也可以快速地切开儒艮的身体。在西澳大利亚海岸线外被称为鲨鱼湾的海湾里，儒艮、海龟和虎鲨正在上演致命游戏。鲨鱼在海草草原的繁茂处游荡，因为它们预计海龟和儒艮也会在这里进食。但是猎物更聪明，如果虎鲨在这里，健康的海龟和儒艮就会在草原边缘更深水域里啃食质量没那么好的海草。在那里，它们有机会躲过鲨鱼。然而，健康状况欠佳的海龟和儒艮，似乎对危险的觉察意识有所降低，它们依然会前往草原中心进食，冒着被捕食的风险。

鲨鱼无意中驱动了海龟向草场外移动，帮助海草种子向更远更宽广的地方传播，也让海龟不会过度啃食任何一块草场。虎鲨通常被描述成“恶人”，但它们不仅会帮助海草草原维持好的状况，还会筛选出绿海龟和儒艮中的老病个体，保持种群的健康。

在百慕大群岛和印度洋的某些区域，鲨鱼的数量因为过度渔猎而下降，那里整片海草草原都消失了，这就体现出了虎鲨的重要性了。不过，缺少虎鲨并不是海草草原消失的唯一原因。海平面的上升，新的建筑工程，如度假村、防洪堤和水产养殖田等的建设，破坏了沿岸生态环境，这些也会对其产生影响。挖泥及其他人类活动，包括游艇在非常浅的水域巡游，这些造成每小时都有两个足球场大小的海草草原遭到破坏。这种破坏不容忽视。

海草草原对保持大气层中气体平衡的贡献比海藻森林更大。通过光合作用，仅 1 平方米草原每天就能产生 10 升氧气，同时还会捕捉二氧化碳。虽然海草草原只覆盖了海床的 1‰，海洋中有机碳存量的 11%~12% 都是它们的功劳。据估计，所有的海草草原每年会捕获 2 740 万吨碳，这是世界上最重要的碳掩埋池。没有海草草原，大气层就会发生变化，而且不是好的变化。然而，直到近日，我们还甚少关注这些草原。

海中老虎（左图） 五米长的虎鲨是令人畏惧的捕食者。它们是能够啃开海龟壳的为数不多的鲨鱼之一。

盐水树木

海里不仅仅长有草，还能生长一些树木。树木捕获二氧化碳，这就是第三个“蓝色树林”。沿海的生物，如红树林，吸收和储存的碳比同等面积的热带雨林多 50 倍。这让它们成为海洋—大气层体系中另外一个至关重要的组成部分。

红树林是少见的树种。它们可以耐受盐分，但是不能忍受霜冻。它们更适应在没有激流、海浪以及冬天水温 20℃以上的水域生活。所以，你会在热带和亚热带浅湾或者潮间地区找到这种树。红树林在盐水中能成功生长，因为它们可以通过叶片排出盐分，或者将盐分存在树皮、树干、树根和即将掉落的树叶中。红树林还可以忍受潮起潮落间盐分、气温和湿度的急剧变化，不过并不是所有种类的红树林都如此。

不同种类的红树林有不同的盐分过滤系统和根茎系统。例如，红色的红树有类似高跷的根，可以通过树皮中的气孔吸收空气，它们在大多数洪泛区都能茂盛生长。黑色的红树有时会出现在更高的地面上，具有长出地面的呼吸根或者呼吸管。两种树对海岸线的稳定性发挥着重要作用，因为它们可以多年生长在同一个地方。它们

第一道防线（下图） 红树林在土地和海洋之间形成缓冲地带。它们从风暴和海浪间吸收能量，保护海岸线。

幼鱼幼儿园（上图） 红树根沼泽是幼鱼理想的藏身之所，它会留住富含养分的沉淀物，对整个生态系统都有好处。

维系着一个相对稳定的生态系统，枯死的树叶和其他物质在海床上形成了营养丰富的海泥。

红树的根能捕捉沉淀物，在云波诡谲的大海和脆弱的海岸之间形成一道保护性防护。而且，像巨藻和海草一样，红树根是大量海洋生物的居所，包括红树林蟹、弹涂鱼，以及诸多幼鱼都在其间生活。很多热带鱼在成年之前会居住在红树林中。在水潮低的时候这些鱼的生存就会遭遇挑战，因为红树根和海泥都暴露在空气中，鱼就失去了庇身之处。它们必须要冒险，穿过红树林沼泽，向外海游去，但同时也进入了捕食者的范围。

长矛兵与粉碎者

螳螂虾有出色的视觉和闪电一般的攻击速度，是幼鱼最大的噩梦。接触到这种令人战栗的甲壳纲生物时如果处理不当，会留下十分痛苦的伤口，因而它们也被称为“拇指割裂者”。它们可以长到 40 厘米长，体重和一只中等大小的龙虾相当。但最令人瞩目的不是它们的大小和武器，而是它们几近举世无双的视觉系统，可能是动物王国里最为细致全面的。

螳螂虾有一对巨大、凸出、复杂的眼睛。每只眼睛可以互不干扰地移动，并且能够不借助另一只眼睛的视野来测算距离。螳螂虾的眼睛分为三个部分，它可以用这三部分的每一单元看物体，每只眼睛都能获得三个维度上的视觉，能十分准确地进行深度感知。

人类的眼睛中有 3 种颜色感知视锥，而螳螂虾有 12 种。它可以看见光谱的紫外端，而在其他光谱部分，它的视觉系统可以微调，有探知其他螳螂虾或者猎物的特殊部分的视觉特征。所以，它能够非常准确地知道自己跟踪的目标是什么，目标将要去哪里。

大多数动物，如候鸟等，可以捕捉到线偏振光，但是螳螂虾能够识别圆偏振光，是目前已知的唯一具有这种能力的动物。它运用这一能力去和其他螳螂虾“说话”。这是一种高度私密的沟通系统，其他所有动物，包括我们人类，都被这种系统排斥在外。

螳螂虾主要的武器是一对伟岸的颚足，这是近战的利器。它有两种使用方式：当颚足折叠起来时，加厚的部分像锤子一样，被用作粉碎器，来打开扇贝（甚至击碎水族箱的玻璃）；当颚足伸展开来时，呈单刺状，像带刺的长矛，用来刺向猎物。

《蓝色星球 II》拍摄到的斑马纹螳螂虾，是一名长矛兵和掠食伏击者，它体长 40 厘米，是世界上最大的螳螂虾。它外形基本与龙虾类似，除了它的钳子在前端有折叠的尖头，这一点像螳螂。斑马纹螳螂虾分布在印度—太平洋地区，它们实行一夫一妻制，情侣们分享几米长的宽敞 U 形洞穴，在洞穴内它们用黏液来固定沙子或泥土。

一对螳螂虾可以在一起生活长达 20 年。雌性螳螂虾通常会照顾卵，维持卵的清洁，将富含氧气的干净活水倒在卵上，而雄性螳螂虾则负责食物。

匍匐等候（下图） 螳螂虾就好像一台活着的测距仪，它非比寻常的眼睛能够精确地锁定既定目标，当目标靠近时，螳螂虾高速挥出它的前臂。

夜间捕食（上图） 摄制组难得一见地看见一只斑马纹螳螂虾从自己的巢穴中爬出来。一对伴侣中的雄虾有时候会在夜间四处巡游，猎捕那些被船只灯光吸引过来的动物。

这名雄虾在它们的洞穴里设下埋伏。当一条鱼游过来时，它就从巢穴中冲出，以每秒 2.3 米的速度刺出矛。这个速度明显低于粉碎者的攻击模式，后者可以达到每秒 23 米的速度，但是长矛手为了打击的准确性而牺牲了速度，也节省了能量。它们只要以比猎物快的速度出击，防止猎物脱逃就可以了，并不是要打破什么纪录。粉碎者的攻击模式则是一次又一次地敲打目标，直到目标四分五裂。

并不是所有的斑马纹螳螂虾都是一夫一妻制，有一些虾乱交。如果一只雄虾与一只较小的雌虾配对，而另一只大的雌虾对雄虾暗送秋波，那雄虾可能会尝试更换妻子。雄虾离开了它的洞穴和它娇小的伴侣，被吸引到一个更大的洞穴里，里面有一只更大的雌虾。在斑马纹螳螂虾的社群里，大即是美。毕竟，大的雌虾会产出更多的卵。

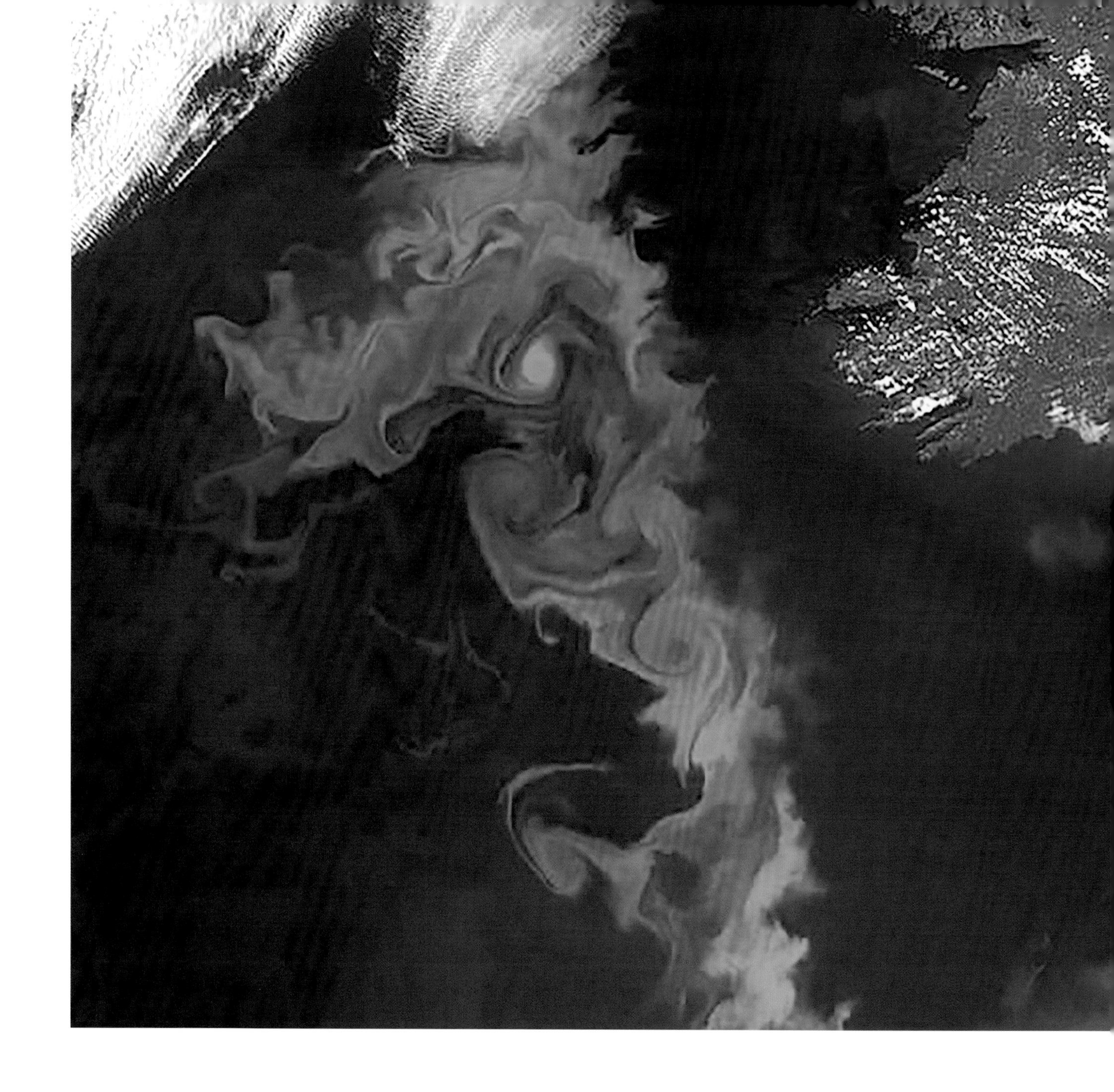

食物链底端

海藻森林、海草草原和红树林被认为是重要的“蓝色森林”，但还有一种依靠光合作用的重要生物——浮游植物，其重要程度不亚于它们，因为这是大多数海洋生物的基本食物。浮游植物像海藻和海草一样，含有叶绿素，需要阳光才能生长。大多数都是生活在阳光能够照到的海洋上层。

浮游植物有几种不同的类型，其中许多都很微小，最常见的有硅胶壳硅藻、硅藻甲藻、丝状蓝藻和白垩涂层颗石藻。颗石藻可以快速繁殖，只需繁殖短短的几周时间，就可以被从地球轨道卫星上清晰地看到，它在帮助控制全球温度方面也发挥

海藻爆发（上图） 北美浮游植物大爆发的卫星照片，发生在爱尔兰西南海岸外。

了关键性作用：颗石藻可以反射和折射太阳光，将大量太阳能量“遣返”回太空。颗石藻和其他的浮游植物也为地球制造了大量氧气，并储存了大量的碳。它们首先将碳锁定在自身活细胞中。随着它们的死去，尸体下沉，碳就被封存到了海床上。这些微小的生命是地球上最重要的生物之一。

浮游植物为浮游动物提供牧场，这些浮游动物包括鱼类、无脊椎动物幼虫、片脚类动物、桡足类动物、磷虾、虾和水母。而这些浮游动物又被小鱼等动物吃掉。这样，食物链不断上升，直到地球上最大的捕食者。在温带和极地之间的春夏之季，随着浮游植物的丰盛生长，整个生态系统快速运转，海洋生命也得以扩张发展。

座头鲸救援！

在蒙特雷湾，一群加利福尼亚海狮正在迁徙，它们需要猎食。一头成年海狮每天要吃相当于自身体重 5%~6% 的食物，而处在长身体阶段的小海狮则需要更多。它们猎捕各种各样的鱼、章鱼、鱿鱼和虾，尤其是鲭鱼和鳕鱼，以及一些季节性盛产的鱼类，如太平洋鲱鱼和鲑鱼。它们知道在哪里可以找到这些食物。在海面上海狮“像海豚那样出击”。夏季，虽然曾有海狮在一次猎食中跋涉了 900 千米，但它们的聚集栖息地和猎捕地之间的距离一般不超过几十千米。海狮沿着地平线，寻找潜在盛宴的蛛丝马迹。它们在等待座头鲸的到来，进行合力猎食。

在物产丰盛的季节，座头鲸从夏威夷游到加利福尼亚的巴哈岛。春季和夏季，浮游植物的繁盛确保了各级食物链的储备，特别是富含油脂的鲱鱼群。白天鱼群向深处潜行，但座头鲸迫使它们浮出水面，鱼挤挤攘攘地跳了出来。此时海狮伺机而动，二三十只海狮排成一队，它们的嘴大张着，去抓住任何一只试图逃跑的鲱鱼。

合作还是竞争？（下图） 一群海狮和一群座头鲸在北美太平洋沿岸一起觅食。

海狮全神贯注地追逐着猎物，却没有注意到一群黑白外形的杀手正朝着它们的方向急速前进。虎鲸来了！虎鲸对鱼没什么兴趣，它们想要的是高热量的脂肪，于是直奔海狮而去。海狮群立刻恐慌起来，四下逃散，希望能迷惑攻击者。但这些猎手并没有那么容易上当受骗，它们是一个协作团队，与吵闹地猎食鱼的其他鲸类不同，虎鲸捕猎时不会发出声音，它们将一只海狮从群体中分离出来，然后用尾巴完成击杀，与挪威鲸击杀冬季鲱鱼的方式一样。

突然，四头座头鲸出现在海面，挡在海狮和虎鲸中间，换气之间，座头鲸挥舞着它们的长鳍，用它们有力的尾巴向下拍，像挥棒击打棒球一样拍打体重比它们小的虎鲸，犹如一群亢奋的大象吹响了号角那般。

虎鲸分成两队，一队试图将座头鲸引走，另一队则追逐海狮，但座头鲸却一点儿也没有理会，持续攻击了 40 分钟甚至更久，虎鲸最终顶不住离开了。虎鲸有时也会攻击座头鲸，那么座头鲸这次为了保护海狮冒险狙击虎鲸，为的是什么呢？仅是一种拔刀相助的利他行为？还是在保护对它们来说非常有价值的合作伙伴？与往常一样，自然的新发现必然会给我们提出更多的问题。

紧张的时刻过去了，座头鲸重新开始捕食。它们六七头在一起，密切合作，齐头并进，步调高度一致，行动协调，就如刚刚离去的虎鲸一般。这是一年中捕食最有效率的时期，所有这些生物的繁殖成功都依赖于这一季节的丰饶食物。这是一种非比寻常的能量转移，能量从微小的浮游生命转移给庞然大物。

现在，我们不妨将时间推移到 200 年前，那个时候，捕鲸者大肆猎捕鲸鱼种群，使它们濒临灭绝。而近几十年来的保护使一些鲸鱼种群得以恢复，目前在东北太平洋有 21 000 头座头鲸，而在 1966 年，刚刚开始禁止捕杀鲸鱼的时候仅剩 1 600 头。这是另一个物种保护的成功案例，未来我们可以实现更多的案例。

狼吞虎咽（下页） 座头鲸可以得到鱼群中的最大份额，海鸟也能分一杯羹。

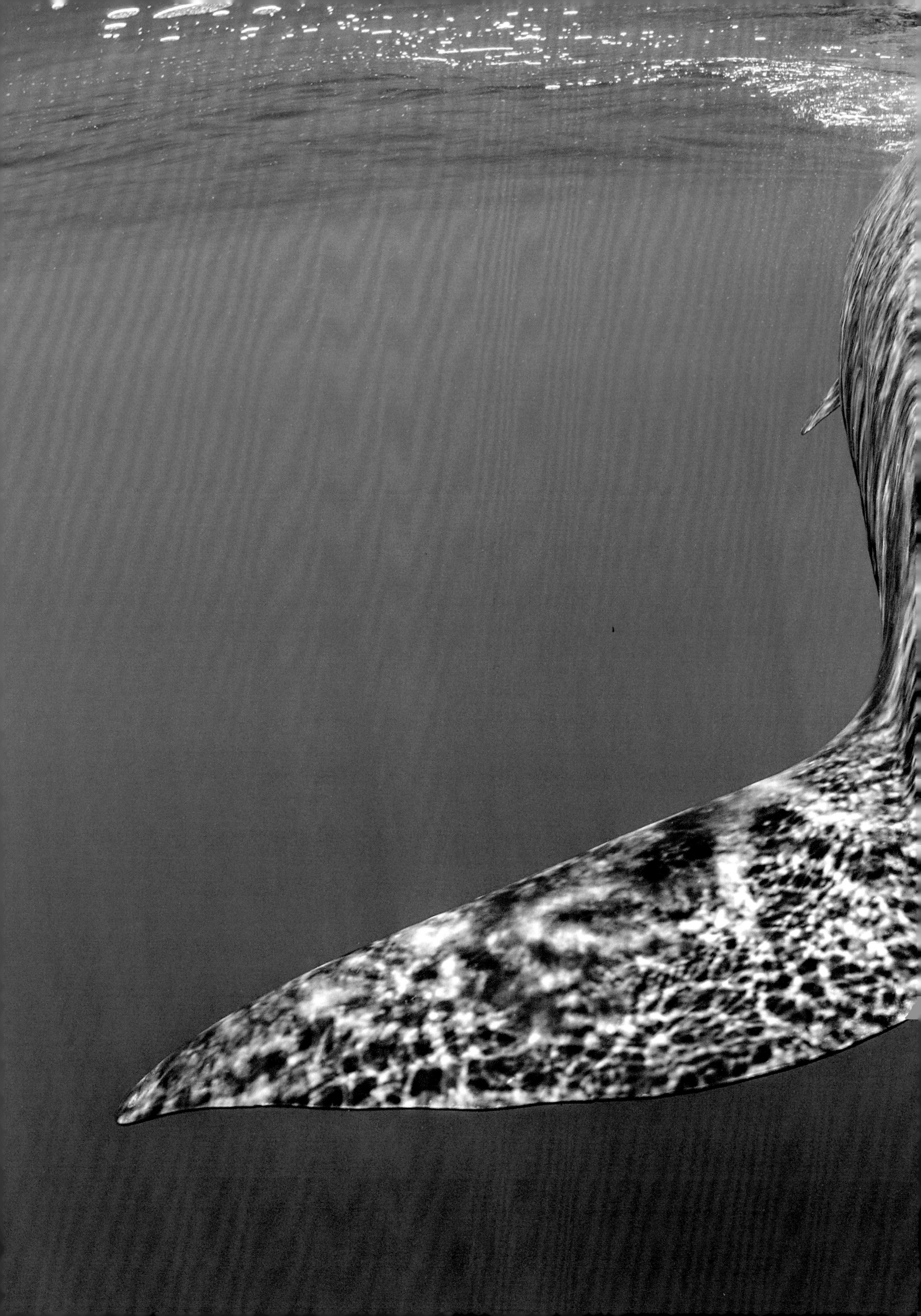

第 5 章

深　蓝

广袤的远洋

离地面很远的地方是“深蓝”，在这里，台风可以刮起 30 米高的巨浪，形成沟壑一样的海面，可以不留一点儿痕迹地吞噬掉大船。对于野生动物而言，最大的挑战并不是狂野的风暴，而是看起来一无所有的恶劣环境。如何在这个第一印象是无尽的蓝色荒漠的地方生存下来是个挑战，但现实并非如此。

虽然在我们看来，远洋似乎平凡无奇，但对海洋生物而言却并非如此。海洋是有结构的，动物知道它们自己的路，就像我们在熟悉的国度能够找到自己的路一样，它们知道地图，知道哪里有食物。海洋生物知道怎么去寻找食物和捕捉食物，同时避免自己沦为食物。这个王国既是高速、高效者的，如那些细长的长须鲸和剑鱼，也是那些从容的“流浪者”的，如水母和樽海鞘。在这个国度，战争无处不在，下一餐可能几个星期后才能吃到——或者自己就可能会被吃掉！

邮箱嘴（左图） 世界上现存最大的鱼——鲸鲨与它的领航护卫鱼在一起。

鲸鱼尾巴（前页） 抹香鲸巨大的尾巴让它能够以 16 千米 / 小时的速度在水中前行。

一头名叫“数字”的鲸鱼

加勒比海中多美尼加岛附近，午睡时分，一头小抹香鲸在水中头向上，站着睡着了。它的昵称是“数字”，这个名字是丹麦奥胡斯大学多美尼加抹香鲸项目（DSWP）的科学家给它起的。旁边的，是它妈妈“手指”，还有其他几只来自“七鲸组”的鲸鱼，这些鲸鱼可能是世界上被研究得最为透彻的抹香鲸。它们也在睡觉，鼻尖露出水面，还有一些鲸鱼的尾巴朝上。谁也不知道它们在做什么梦，甚至是否有梦，不过它们确实有 REM 睡眠（快速眼动睡眠），这与人的做梦很相似。不论它们在做什么，它们使用的是世界上最大的大脑，比人类的大脑大五倍，因为这些动物本身的体形就很大。

抹香鲸是世界上最大的有齿类猎手，雄性可以长到 18 米，雌性大概会小 1/3。和大多数族群一样，这个族群主要是由几头成年雌鲸和一头幼鲸组成，此时它们都睡着了。睡眠中，它们既不呼吸，也不会移动，但据研究，它们打盹的时间不会很久：每天睡一小时多一点，每次睡 10~15 分钟，这让它们成为已知的哺乳动物中对睡眠依赖程度最小的种类。

幼鲸突然惊醒，一只眼睛睁开了，随后是另一只。成年鲸鱼聚集过来，开始社交活动。小鲸鱼是它们世界的中心，这种家庭单元比人类的更为错综复杂。加勒比海的家庭单元是一条以雌鲸为主的线：外婆、母亲和未成年子女，所有的成年鲸鱼都关心幼鲸，无论它是否是自己的孩子，这有点像全村都在养育一个孩子。

母与子（右图） 母鲸和小抹香鲸向深处下潜，不过幼鲸不会游到底。

有大脑的鲸（下图） 抹香鲸硕大的脑袋里是动物世界中最大的大脑。

大洋巨兽（上图） 雌性抹香鲸长 11 米，雄性平均体长 16 米。它们是最大的齿鲸。

抹香鲸和我们一样，会说很多话。它们有一种咔嗒模式的语言，有点儿像莫斯电码。科学家认为，抹香鲸发出不同类型的咔嗒声，也就是“密码”，会有不同的含义。在东加勒比海，鲸鱼至少有 22 种不同的密码，但是这里所有的鲸鱼都会使用一种特有的密码，模式为“咔－空－咔－空－咔－咔－咔”。这种模式只在加勒比海被听到过，也许是这里鲸群的标志。

“我们近期的研究表明，”DSWP 的创始人和主要投资人沙恩·格罗（Shane Gero）说，“一种密码可以用于个人识别，就像名字一样；另一种密码可能是家族识别，就像姓一样。我们发现，像‘数字’这样的幼鲸至少要花两年时间，才会把发音模式纠正成和母亲一样”。它们开始会喃喃试探，直到正确发音。

一旦“数字”掌握了咔嗒发音的技巧，它就能够和共享同样密码类型的其他家庭沟通。它们有着同样的“方言”，有些家庭会组成一个“宗族”。不同宗族的鲸鱼做事情方法各有不同，这不仅仅体现在方言中，它们的文化也不同。它们潜水的方式不同，吃的鱿鱼种类不同，活动模式、社交方式都不同。当鲸鱼家族聚集的时候，它们会和同宗族的其他家族聚会，但是会回避不同宗族的家庭。换句话说，它们记得自己的朋友和亲戚，即便分别几个月或者几年。

通过数十年来研究鲸鱼的海洋生活，沙恩和同事们了解了很多，但还是有很多问题没有答案。其中一个耐人寻味的问题是，抹香鲸是否有母系族长，就像象群那

样。抹香鲸的大脑如此巨大，最年长的母鲸会记得大洋中哪里有最好的食物，就好像母象族长记得干旱时最好的泉眼。这就类似很多传统知识由一代传给下一代，这种文化智慧是它们生存的关键。

到了捕食的时候，抹香鲸真的会竭尽全力。它们直奔深渊而去，那里有充足的食物——深海鱿鱼和其他鱼类，能够满足抹香鲸巨大的胃口。这是一场大自然最为宏大的忍术表演，鲸鱼经常会潜到海面下数千米的地方，追捕鱿鱼时可以屏息大约 40 分钟。对于人类来说，这是一个如此陌生而不友好的世界，在那里发生的一切，时至今日，还只能靠猜测。不过，通过聆听抹香鲸的咔嗒声，DSWP 的科学家们开始破解密码，BBC 的水下摄像机也为他们提供了帮助。

借助四个小型吸杯，一台摄像机被固定到“手指”身上。开始时，图像显示“手指”和“数字”一起潜水。好像要加强彼此间的联系，幼鲸温柔地跳跃着，撞击母亲，两头鲸鱼用咔嗒密码聊着天远去。但是幼鲸没有陪母亲走完全程，它和母亲告别，回到水面，在这里，它会等待母亲回来。

在深海捕猎非常重要，家族会聚集在一起，留下幼鲸，但这可能会让幼鲸暴露

安置（上图） 借助吸盘，一台摄像机被固定到抹香鲸身上。

聚会（右图） 抹香鲸是非常热衷于社交的动物。它们总是不断地碰触彼此，甚至互相“挠痒痒”，就好像猿类的活动一样。它们会一起摩擦身体，除去干裂的皮肤。

给海洋中的捕食者，但是如果幼鲸求救哭喊，所有的成年鲸鱼会在第一时间从深海加速返回，陪伴它。但是现在，它妈妈继续下潜到 600~800 米的水域，这是它妈妈继续捕猎的地方。

母鲸停止社交聊天，咔嗒声转换为一种节拍器式的编码，声音有力，在水中高达 230 分贝，震耳欲聋。这是用于回声定位，在黑暗中能够探测到前方 120 米，或者可能更远的地方。母鲸专注地听着回声，快速响起的咔嗒声表明它已经发现了目标。而当它靠近目标，就会得到更多关于目标大小、游动方向和是否可以食用的信息。然后，一片寂静，它抓到了猎物！

跟沙恩及其同事一起拍摄这些巨兽的是《蓝色星球Ⅱ》的制片人约翰·卢思文（John Ruthven）和他的团队。有一次，他们拍摄到一个家族的抹香鲸，亲眼看见这些鲸鱼如何为彼此挠痒，这是一种类似于猿猴为近亲抓痒的行为。

“抹香鲸身上覆盖着片状干裂的皮肤，根据推测，这是为了避免甲壳类和寄生虫附着而影响它们游泳的一种天然防污染机制。和所有片状皮肤一样，这种皮肤很可能会变得很痒，彼此摩擦能够缓解瘙痒。在水下，我们拍摄到大片漂浮的鲸鱼表皮，看起来就好像阳光照亮的水母一样。这样的行为提醒我们，抹香鲸有多么聪明，它们可能有着和大猩猩一样的语言，虽然它们生活在大洋中。”

地球上最大的移民

热带和温带海域的夏季时分，海洋的最上层就像温暖的水“皮肤”，被称为“阳光地带”。它位于深海的冷水之上，由一个边界层隔开，称为温差层。

进食时，抹香鲸转身背对这个阳光地带，但其他形式的海洋生物则面朝阳光，因为这是浮游植物生存的地方。密集的花海盛开在靠近海岸和靠近岛屿的地方，花海的营养物质来自夏季的深海和高纬度地区，因为那里有漫长的白昼和短暂的夜晚。远洋的分布情况参差不齐，浮游生物集中在海流间的交界处，类似于大气层中的云层边界。尽管如此，还是有足够的因素引发一场非同寻常的动物迁徙。

每天——早上和晚上——动物都在垂直移动。这是迄今为止地球上最大的动物迁徙。夜间，它们从光线幽微的地带游到阳光地带，在黑暗的掩护下觅食。白天，它们会回到黑暗中，潜藏起来。夜间短途旅行的向导是一种微小的浮游动物——在洋流中漂移的微小动物，它们向上啃食浮游植物。小鱼和鱿鱼随之而上，它们依次被更大的鱼追踪。这些鱼又被顶级捕食者，比如鲨鱼捕食。

其中一个垂直的移民是巨大的桨鱼，它是世界上最长的硬骨鱼。1963 年，新泽西海岸的科学家们发现了一条长 15 米的桨鱼。这条鱼呈带状，长有“王冠”——头上长着红色的鳍，由此产生了另一个常见的英文名字“大鲱鱼王”。它更喜欢垂直地游动，头部向上，细长的身体在黑暗中几乎无法辨识。身体的起伏与从上面照射下来的斑驳的月光相辉映，让人很难看到。它抓住大量生物从上层水面返回的时机，捕食比自己小的垂直通勤者。它吮吸进食浮游动物，以虾类，如磷虾，以及其他甲壳纲动物为食。到了早晨，它就会下潜，躲藏在黑暗的暮色带。

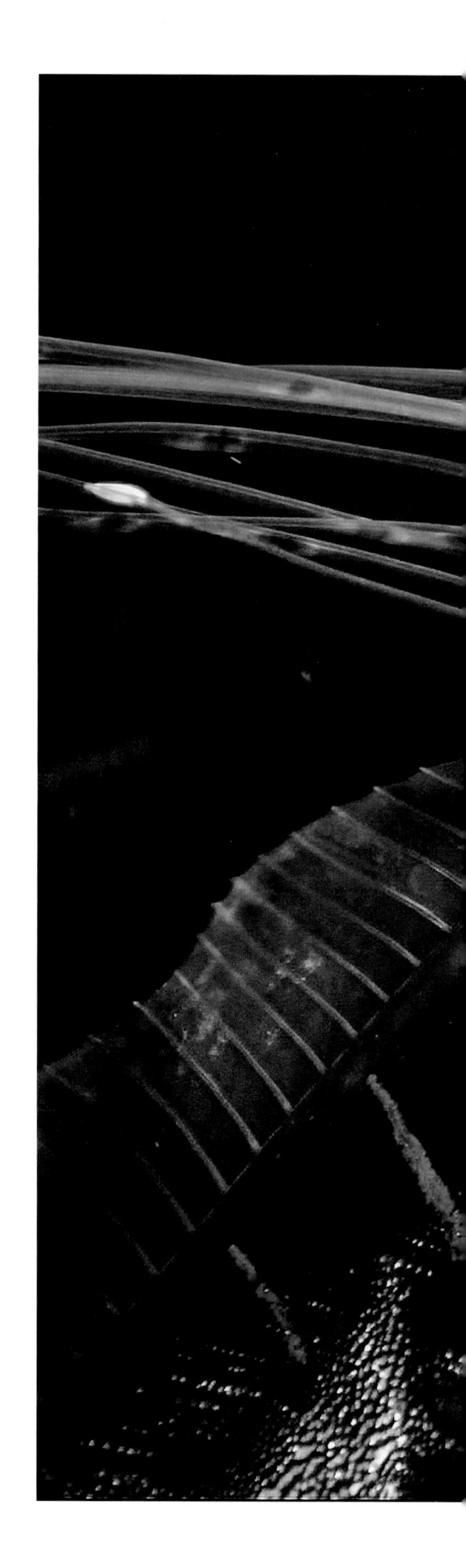

大鲱鱼王（右图） 桨鱼的头上装饰有“皇冠”的鳍鳐。

超级诱饵球

灯鱼是向上移动的，数量众多。它们占了深海生物总重量的一半以上，是地球上数量最多的脊椎动物，也是最受欢迎的脊椎动物。几乎任何大尺寸的海洋猎手都吃灯鱼，所以，灯鱼在黎明进食后，选择待在水面产卵，而不是返回到相对安全的暮色海域。猎手阻止它们向下游动，而这些猎手可以是任何海洋捕食者。

虽然鲸鱼，比如中型的布氏鲸，可以几口就吃掉大部分鱼群，但这里的大多数捕食者还需要更好地组织才能捕食成功。三维世界里，有很多方法可以逃脱，在海洋中要抓住一条鱼并不容易。所以，捕食者不得不扮演“牧羊犬”，将灯鱼包围起来，将它们困在海面。科学家和渔夫称这些集中的鱼群为“诱饵球”，寻找这些诱饵球的是《蓝色星球Ⅱ》的制片人马克・布朗罗（Mark Brownlow）。

“我们的研究船‘阿鲁西亚号’驻扎在离岸 37 千米处，用船上的直升机和一台荧光透视摄像机，每天扫荡 200 千米范围的蓝海。我们沿着大陆架上下飞行，寻找传说中的‘沸腾的大海’。十天后，我们掌握了技巧所在，我们跟随一大群飞旋海豚——这个队伍可多达上万头，追寻诱饵球。”

沸腾的大海（下图）

1. 一大群飞旋海豚从远洋探出头来，捕食鱼群。

2. 飞旋海豚可以在水面起跳，以自身为轴旋转。

3. 这片海好像“沸腾”了一样，诱饵球中的鱼努力挣脱来自上下的捕食者。

4. 蝠鲼加入捕食队伍。

1

2

飞旋海豚找起鱼群来高效快捷。它们能够跳到距水面 3 米的高度，同时做轴向旋转。这个华丽的动作彰显了个体的灵敏度和它在群体中的位置。凭借在空中的一瞬间，海豚可以看见远方的海鸟群，这是一个明确的信号，灯鱼正在靠近海面。

累活好像都是海豚在干：它们包围这片海域，将鱼赶入一个越来越拥挤的诱饵球里，推向海面。然后，两只海豚冲入鱼群，极尽所能抓住一切。黄鳍金枪鱼似乎懂得，接下来只要紧跟海豚就一定能饱餐一顿了。

“海豚将灯鱼群赶到海面上，”马克回忆说，“大海看起来就要沸腾了，那些巨大的黄鳍金枪鱼冲进鱼群，它们每一条体重都超过 100 千克。”

金枪鱼绕道进入越挤越紧的灯鱼群，速度快得令人窒息，它们游得如此之快，以至于如果它们继续以这样的速度长时间行进，它们的“温血”身体恐怕会变熟。这是一场飞速的盛宴，但是如果动物的速度快得足以赢过所有竞争对手，它们会将奖品全部占为己有。海面下，海豚和金枪鱼快速穿梭，而在上方的天空中，海鸟俯冲下来攻击诱饵球。所有这些捕食者都在互帮互助，这确实是场大混战，随着灯鱼跳出海面逃生，大海沸腾了。

3

4

这就是金枪鱼的生存策略，也是它们的落网之处。捕捞金枪鱼的渔网袋常常会困住飞旋海豚，数以万计的海豚因此丧生。因此，渔业监管规定渔民必须使用可以令海豚逃生的网，这个规定将飞旋海豚这一物种从灭绝的边缘拉了回来，但数量尚未稳定。

虽然这项规定让海豚免于死在渔网下，但一再被捕获对其生存造成了很大压力。

跳跃的海豚（上图） 一大群飞旋海豚在行动。每条海豚都紧贴海面快速游动，冲出海面，飞行很短的路程，然后重新坠落入水，随后又快速地重复这个动作。空气中的阻力要比水中小，所以海豚能够更快速地前进。

有数据表明，每只海豚平均一年会被抓获再放生8次。这是马克和摄制组非常关注的事情。

“过去几天里，渔船借助我们的直升机，发现了捕捉金枪鱼的捷径。我们从向导尼克那里了解到一个悲哀的事实，虽然已经实施了仅针对金枪鱼的捕鱼技术，但现在还是有很多飞旋海豚被误杀。”

世界上最快的鱼

最壮观的袭击必须来自于旗鱼。旗鱼据说是世界上速度最快的鱼。它是一种长嘴鱼，剑鱼和枪鱼也属于这一类，它们用“剑”向鱼群砍去，弄伤饵鱼，轻松完成捕猎。

40 条或者更多的旗鱼一起加入攻击，冲进诱饵球之前，它们会像帆一样升起它们的大背鳍，并同时改变颜色。它们平时银色或褐色的侧面突然有了醒目的条纹和斑点，这一切都是为了恐吓比它们小的鱼，把鱼逼入越来越小的诱饵球里。

在哥斯达黎加海岸附近，靠近墨西哥尤卡坦半岛的东北端，头顶上鸟群的鸣叫显示旗鱼正在捕食沙丁鱼。这让哥斯达黎加的长嘴鱼研究项目以及欧洲与美国大学的研究人员能够轻松地找到诱饵球，并对旗鱼的攻击策略进行详细观察——也可能并没有什么策略！与海豚不同的是，旗鱼的攻击似乎并不协调，但它们轮流攻击。一个接一个，速度较慢（考虑它们能达到的速度），每个旗鱼都冲进了鱼群。它们的长嘴上长着微小的像纸页一样的微型牙齿，用来帮助抓住猎物，尽管 95% 的攻击都会有鱼受伤，但能捕获的概率大概只有 25%。

奇怪的是，实际上旗鱼吃到的鱼比它们单独捕猎时要少，但通过团队合作，它们不必如此努力地去捕鱼，在远洋中这是一种节能的进食方式。科学家们认为其他群居动物（如海豚）所表现出来的合作狩猎策略更为复杂，而这种“轮流攻击”的行为是那些策略的前身。

游动的纸片（右图） 一群旗鱼在追赶小鱼诱饵球。

最美丽的鲨鱼

青鲨依靠嗅觉行动，它是为了最有效地穿行最远的深海旅程而生的。它皮肤光滑，身材像鱼雷，体形修长，有着可以像翅膀一样发挥作用的长胸鳍。在长途跋涉中，它游向水面，随后缓慢地滑翔下来，这种升降不断重复，非常有效地节省体力。研究鲨的科学家认为青鲨是最美丽的，它们完美地适应了远洋的生活。青鲨的捕食策略很简单，就是靠嗅觉闻出食物。

对于鲨鱼的嗅觉能力，已经有很多夸大的传闻，比如能够闻到两千米外的血腥，或者一个奥林匹克竞赛泳池大小的水域中的一滴鱼油，但这些说法大部分并不真实。

“蓝狗”（下图） 在全球温带和热带海洋里都发现了曲线玲珑的青鲨。它们长距离游走，甚至跨越不同的海洋。

鲨鱼的嗅觉当然比我们好，不同种类的鲨鱼嗅觉不同，可事实是，它们并不能嗅出奥林匹克竞赛泳池大小的水域中的一滴液体。佛罗里达亚特兰大大学的生物学家在为几种鲨鱼和鳐鱼做过测试后，得出了这个结论。虽然如此，但有些种类的鲨鱼能够在十亿滴水中识别出一滴有气味的液体，相当于家庭泳池中的一滴血液。这浓度与沿岸海域的氨基酸和蛋白质浓度大致相同。如果浓度更低，鲨鱼就识别不出来，它们将不能区别食物和其他常规化学品之间的差别。在远洋中，青鲨就能够很好地识别出低浓度的物质，因为其他物质浓度更低，干扰较小。

鱿鱼和小鱼是青鲨的日常食物，但是青鲨是机会主义者，只要能够触发它的感知，哪怕是像磷虾这样的小生物，都可以通过它的鳃孔“筛”出来。不过，随着上

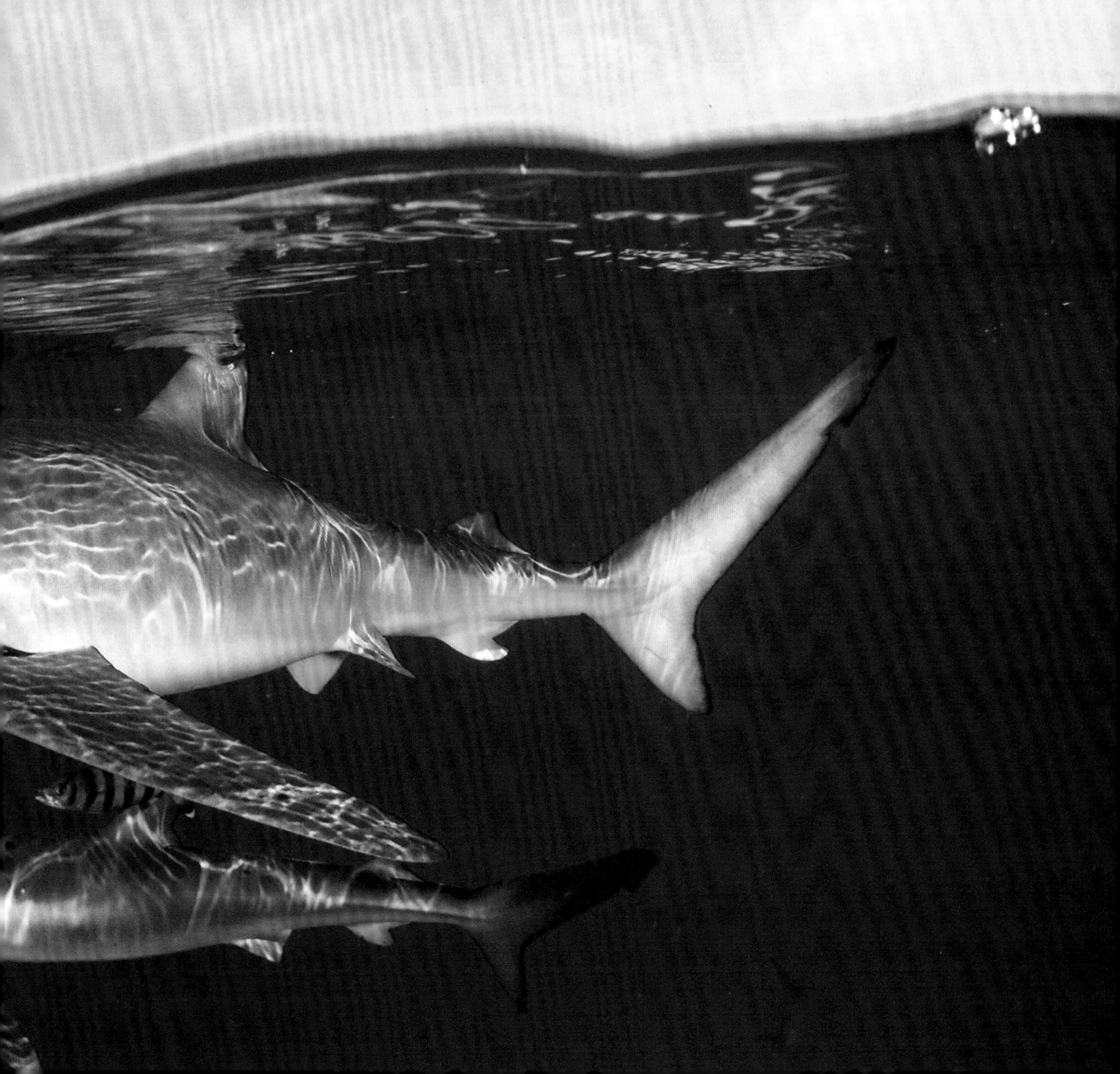

下游动，检查不同深度的水流，寻找任何远处可以吃的食物，它们找到食物的概率就会越来越大。青鲨大脑的 1/3 是用来识别气味的，它使用自己敏锐的嗅觉来比较左右鼻孔中异味的强弱。随后，它随着迹象一直追溯到源头，比如一头最近被船撞死的长须鲸的浮尸。

一直有谣言说，青鲨会啃食鲸鱼和其他海洋哺乳动物的尸体，现在 BBC 在片子中证实了这一传言。青鲨绕着长须鲸的浮尸缓慢地游动，它们渐渐靠近鲸鱼，探测死尸是否有任何危险迹象。突然，第一头青鲨咬了一口。对于其他青鲨而言，这是开始进餐的信号。它们大口吃肉，用下颚中的牙齿咬住鲸鱼肉，然后甩头，这让它们上颚中的三角形牙齿能够撕咬脂肪和肌肉。不过，它们的鼻子会阻碍摇头，所以它们需要竖直向上进食。有时候，它们的鼻子会露出水面。这种行为以前从来没有被观察到过，但是其努力得到了回报。鲸脂是一种非常高热量的食物，鲨鱼会一直吃 8 个小时，直到完全吃饱。这样的一顿饭可以帮它们度过后面的很多天，消化掉的油脂会存储在它们巨大的肝脏中，为将来的艰难时刻做准备。鲸脂也可能让它们远离烦恼。

青鲨食用鲸鱼的尸体，填饱肚子，减少被诱捕的风险。青鲨的长鳍对这些捕鱼者有着很大的经济诱惑，它们的鱼翅会流向高级市场。每年，有数千万头青鲨被杀死，虽然人们知道，它们的尸体含有很多的重金属，如铅汞等，这些会严重威胁人类的健康。但尽管如此，这些美丽的鱼翅仍然是青鲨不幸的源泉。

鲸鱼的气息（右上图·左） 青鲨的鼻子会带它找到一头浮在水面的死长须鲸。

鲸鱼盛宴（右上图·右） 青鲨绕着死尸，在靠近前反复检查情况。

高热量的鲸脂（右下图） 青鲨的颚位置过低，鼻子又很长，很难咬走这块鲸脂。

友好的漂浮物

青鲨能游走很远，它们不仅靠肌肉力量，还借助水流。例如，在大西洋北部，青鲨沿着大西洋环流的漩涡顺时针跟着游动。曾在亚述尔群岛发现一头雌鲨，它在两年半的时间里游历了至少 28 000 千米。两年半差不多是这个环流在整个北大西洋转一圈所需的时间。

在其他大洋中存在相似的环流，包括北太平洋，科学家对大洋环流细节的研究很多都是在这里完成。这里曾经有一个幸运的意外：1992 年 1 月 10 日，几个海运集装箱在夏威夷附近的一场中太平洋风暴中，从运输船“桂冠长青号”上被冲了下来。其中一个集装箱装有 28 800 个浴室玩具——塑料小黄鸭、绿青蛙、蓝色海龟和红海狸，这个集装箱门开了，货物散入了海洋。一场持续 25 年的非凡科学研究开始了，小黄鸭和它的朋友们，第一次在 1992 年 11 月登陆阿拉斯加海岸，随后在世界各地的海滩登陆，现在在其他地方也陆陆续续被发现。

西雅图的海洋摄影家科提斯·艾博斯米尔（Curtis Ebbesmeyer）和詹姆斯·因格拉汉（James Ingraham）追踪这些小黄鸭时，发现了洋流和环流的规律。他们注意到有一组小黄鸭在第一次到达阿拉斯加之后，三年后又重新出现在阿拉斯加，所以这个大洋环流一定花了同样时间来完成一个循环。其他环流以不同的流速运行。这些鸭子在 2007 年漂到了英国，它们在前往大西洋的路上被冻在了北极冰中，这进一步证明了，所有大洋都是整个系统的一部分。当然，海洋生命在其中占据很大优势，尤其是那些洋流“漂流者”。

塑料小黄鸭（下图） 中太平洋的一场风暴将运输船集装箱里的浴室玩具塑料小黄鸭冲入大海，它们乘着洋流周游世界，远至英国。

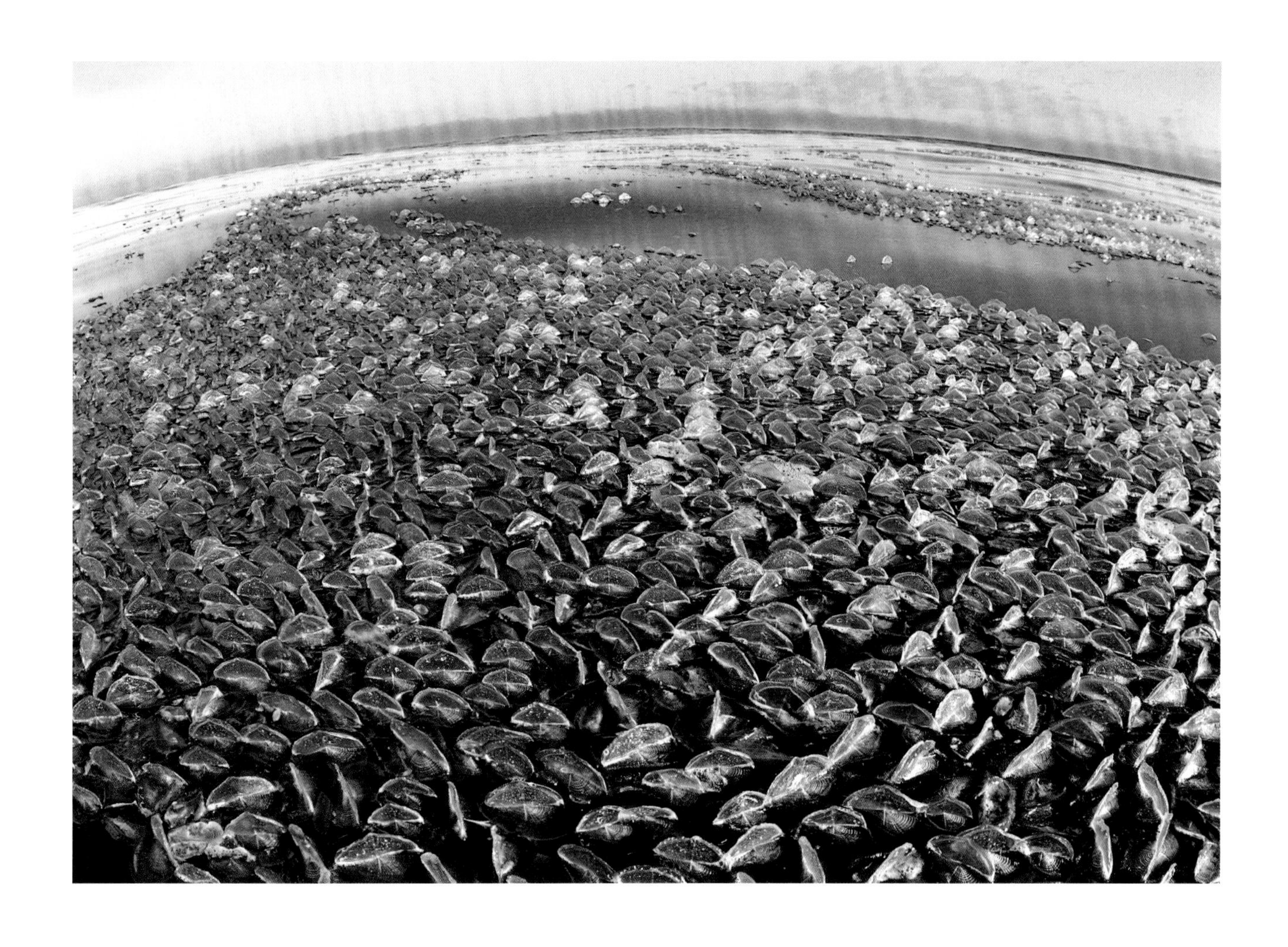

漂流者

你好！（上图） 数以百计的僧帽水母在海平面上挤挤攘攘。它们既是乘着洋流而来，也是被风吹来的。

“漂流者”在洋流中长距离漂浮，大多数能够自己独立活动。最令人震惊的是水母，它们并不是被动的，而是努力去自己喜欢的地方，在水中上下移动，有时甚至横穿或逆洋流而动。不过，它们看起来似乎知道自己在哪里，要去哪里，这让科学家感到迷惑，因为在这里，并没有什么视觉参照物。而这种能力在大洋中有着非常重要的作用。

水母的身体中大概有 97% 的水分，在海洋中可以自由潜浮，它们不会花费力气来生长像鳔那样的组织，水母身上并没有太多东西是可以食用的，很多水母，例如月亮水母几乎是透明的，所以它们很难被发现。在合适的条件下，数以亿计的水母会聚集在一起，形成季节性的群体，覆盖一个又一个水体表面，这会吸引来水母的捕食者。有些水母捕食者乘着洋流，跨越难以想象的距离前来赴宴。

在太平洋中，吃水母的棱皮龟开始了史上最长的海龟迁徙之旅。它跨越 20 558 千米，从西南太平洋巴布亚岛的老家到盛产水母的东北太平洋俄勒冈海滩，像所有

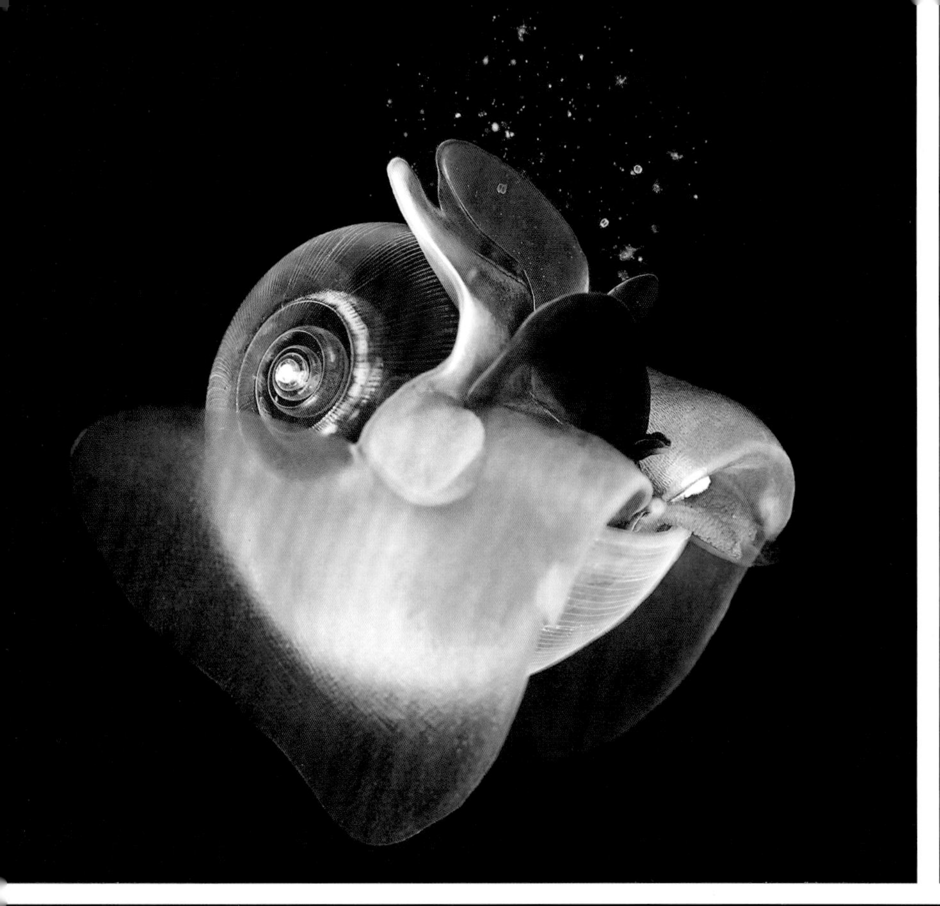
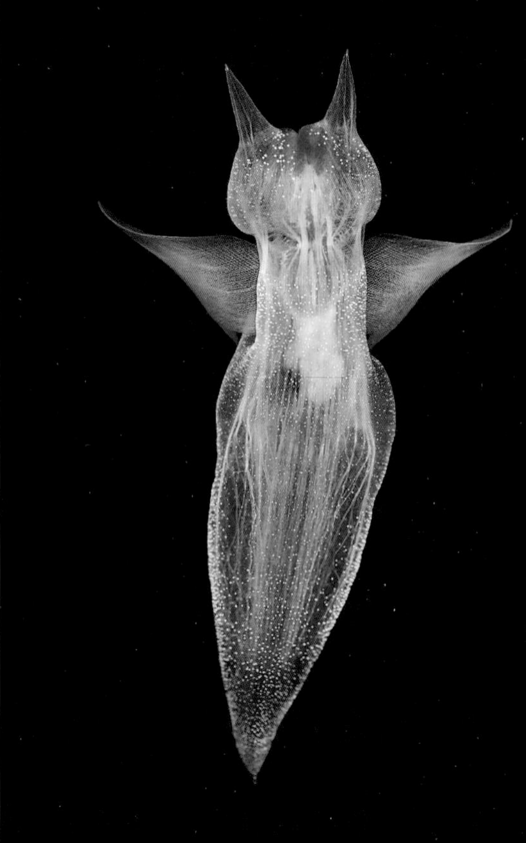
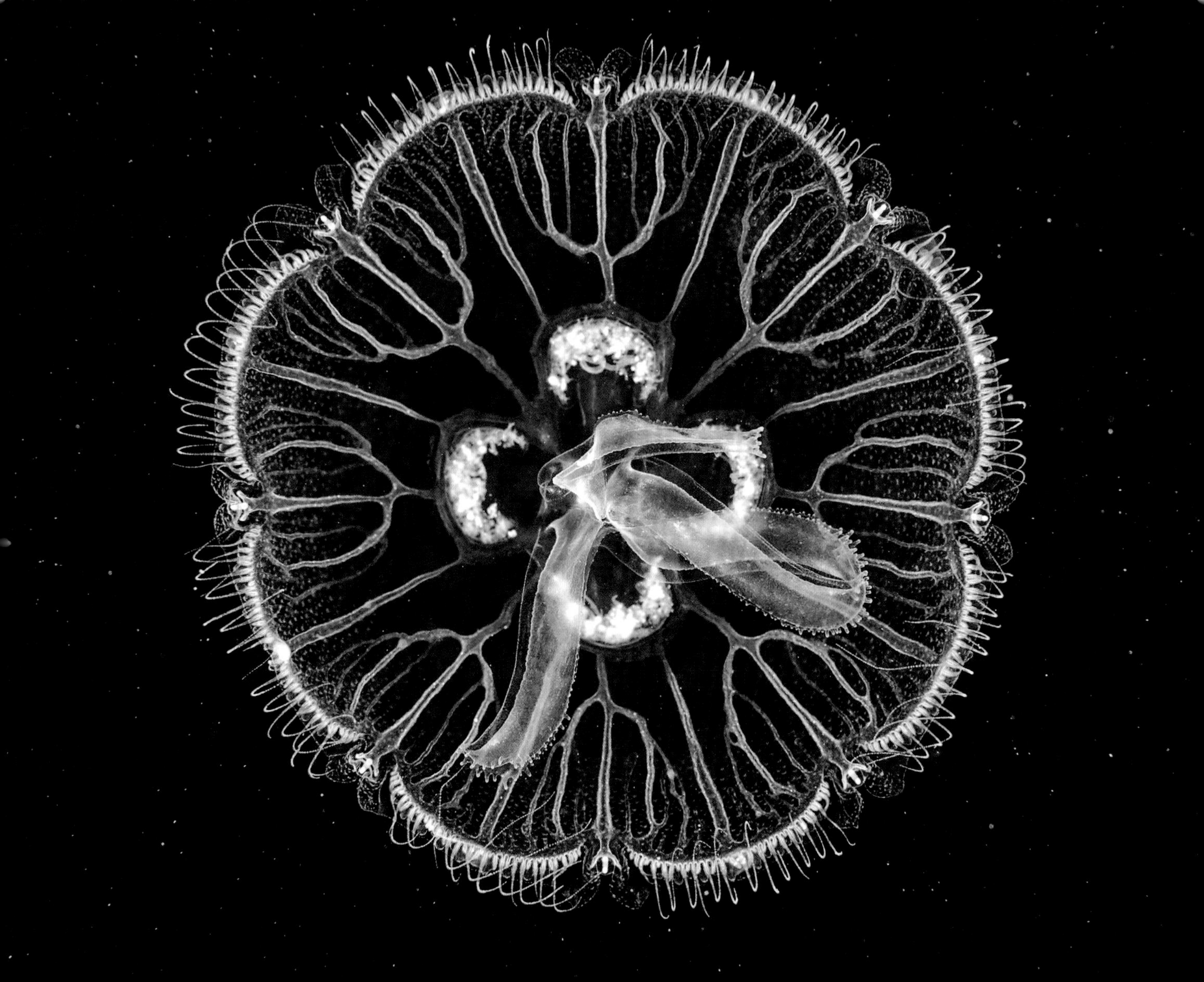

漂浮的水母（上图） 水母大体上跟海水的密度差不多，所以它们不会沉入海中，它们可以任意倒着游，或者向前游。

海蝴蝶（左上图·左） 这个小小的生物是一个正在游动的海螺。它的脚由两个翼片组成，海螺靠它们在海中驱动身体，自由游弋。

海洋天使（左上图·右） 一个游动的裸体海生蜗牛，没有外壳。它靠挥动自己的“翅膀”行动，捕食海蝴蝶。

月亮水母（左下图） 月亮水母如此纤细而透明，只有它那马掌状的生殖腺才能标示出自己。

海洋爬行动物一样，棱皮龟必须要到水面呼吸，所以北半球海域有很多“海蛇”的传闻，很可能只是海龟的头探出水面而已。

有一种有名的水母，其身体的一部分总是在水面上，它其实并非水母，而是四种不同生物的混合体。这就是因其伤害力而臭名昭著的僧帽水母，它有一种类似于帆船的结构，中间装满了气体。这个像葡萄牙帆船的结构让它可以像帆船一样凭风力旅行，所以它的动力既有风力也有洋流。在“风帆”下面，是长长的触须，这些触须通常有近 10 米长，也出现过有 30 米长的触须。僧帽水母用带刺的细胞来武装自己，鱼类一碰即死。但在僧帽水母周围发现有皇家黑鱼的踪迹，看起来还过得悠游自在，真令人惊讶。也许这种鱼对毒刺免疫，也许是它非常小心不去碰触触须，具体原因还是谜团，但是这种鱼一定很机敏，对自己避居的地方适应力也很好。

皇家黑鱼或水母鱼，曾经被发现生活在漂浮的冰下，或者任何不会沉没的物体下。很多在远洋生活的鱼类都有这种行为，它们找到水面上任何漂浮的物体，然后躲在下面，这是一个安全的天堂。BBC 的一个摄制小组看见过几条小鱼躲在一个画刷下。所以，一个大原木会更有吸引力，它可以成为一个完备的漂浮生态系统的中心。

消失的岁月与原木

倒下的大树被一条河流冲入大海，或者从沿海的悬崖上倒塌下来，被藤壶和藻类包围着，年轻的海龟也到这里进餐。原木是这些生物的临时救生筏，它们在这里的出现解开了一个长久以来的生物学谜团。海龟孵化的时候，会进入远洋，此时可能面临着生命中最具挑战性的时刻，科学家们将这段时间称为“消失的岁月”，因为没有人知道海龟在哪里，直到五年后它们回来产卵。现在我们知道了。

“我们无意中发现了答案，但当时没有完全意识到这一点，”约翰·卢思文透露说，“在距离澳大利亚东部海岸160多千米的地方，有3千米深的清澈海水，我们发现了一根漂浮的原木。在原木下面潜水的时候，我们找到了许多隐藏的生物，其中包括一只年轻的玳瑁——不是小的，不是大的，而是中等大小的。这可能就是所谓的‘消失的岁月’。”

科学家们用微型卫星标签来追踪小海龟，显示孵化出来的海龟到了大海，而标签上的温度传感器显示，这些小爬行动物躲在漂浮物的下面，离水面不远，这个地方温度适宜，有利于它们的快速成长。

“孵化后，小海龟如果在海岸附近就要面对一群令人生畏的捕食者，因此它选择到海上冒险。有时一些好奇的远洋白鳍鲨经过，我知道这不是小海龟可以选择的，但海龟为了1‰的存活率，所做的任何事情必须是有用的。”

这些年轻的海龟像许多其他小的海洋生物一样，乘着洋流，躲在漂浮的货物、船只残骸、原木和海草下，就像在马尾藻海看到的那样，它们是大西洋环流的一部分。在这里，一条条马尾藻漂荡着，这种棕色海草凭借空气囊漂浮在海上，它们是

大洋上的藏身之处（下图）
一只年轻的海龟在一片漂浮的马尾藻周围找到栖身之所。

独特的动物社群招待所。社群中有马尾藻蟹和特地伪装的马尾藻鱼。对年轻的海龟而言，这是它们喜欢的藏身之所，但是这些微小的热点区域也会吸引一些不期而至的访客。在这片远洋中，捕食者远洋白鳍鲨是最不受欢迎的。

稍微闻到一点儿食物的味道，远洋白鳍鲨就毫不迟疑直接游了过来。它可能已经几周没有吃东西了，所以不浪费一点时间。它更喜欢鱼而不是海龟，所以很少攻击海龟。但还有另外一个巨大而危险的物种，它的牙齿像链锯一样，可以很容易地咬开一只小海龟的壳，而且它故意瞄准这些海洋漂流者，它就是虎鲨。虽然一直认为虎鲨是沿海物种，然而，研究表明，每年夏天，来自加勒比地区的虎鲨都要做个短途旅行，游到大西洋，寻找年幼、天真、易于捕获的红海龟。

海洋的垃圾带

曾经有一段时间，年幼的海龟躲藏的残骸大多来自自然界，但现在大量的塑料占据了主导地位。每一分钟都会有相当于一大卡车的塑料垃圾倾倒在海里。一场生态噩梦！

成千上万的海龟被丢弃的尼龙渔具勒死，或被塑料袋噎死，因为它们将塑料袋误认为是水母。据估计，超过半数的海龟在生命中的某个时期吃过塑料，大约 90% 的海鸟食用过被误认为是食物的塑料颗粒。有些鸟会饿死，因为它们在误吃塑料垃圾后感到饱了。在开阔的海洋里，信天翁、海燕和海鸥依靠敏锐的嗅觉做判断，而附在塑料上腐烂海藻的气味，闻起来像煮过的卷心菜，会令鸟儿们有些发懵。研究岛屿上的信天翁筑巢地点的科学家经常发现鸟类的尸体，因为它们在海中吃了大量的塑料，堵塞了肠胃。

一只鸟的胃（下图） 这堆塑料是在鸟胃壁腐烂后留下的。这只鸟很可能是饿死的，是因为塑料阻塞了肠道。

塑料水母（上图） 特纳里夫岛外，一只绿海龟将一个透明塑料袋误认为是水母。

有问题的不仅仅是看得见的塑料。当塑料在阳光的作用下降解，被波浪侵蚀成微观颗粒时，浮游动物中的食草者会摄入难以辨识的塑料分子。塑料进入食物链，并在高层食物链的动物身上聚集。塑料经过捕食者的胃，塑料分子有可能在经过肠道时就会降解释放出有毒化学成分，聚集在动物的肉中，最后回到热爱海鲜的人类面前，这种担心一直存在。现在，普遍认为像北太平洋环流中心这样的区域，没有多少营养物质，而这些地方的塑料分子含量比浮游动物多6倍，有些鱼摄入的不是天然食物而是塑料，毒害蔓延至整个生态系统，包括人类，我们也是这个生态系统的一部分。

海底山脉

无论是简单的水母还是智慧的鲸鱼，所有海洋中的旅行者都有最基本的需求，就是知道自己在哪里，以及应该朝哪个方向前进。我们有磁罗盘和全球定位系统（GPS），海洋生物也有类似的本领，它们有能够探测地球磁场的特殊“第六感”，即使是小小的水母也具备这种能力。

许多动物被认为通过磁场来定向和导航，海底山脉等特殊地理环境有自己独特的磁性特征。我们追踪到座头鲸、长须鲸、蓝鲸和北露脊鲸出现在一个又一个海底山脉。对它们来说，海洋并非平淡无奇，只要它们有“地磁地图”，海底山脉就会成为它们的导航信标。

事实上，海底山脉和火山岛在海洋动物的生活中有着重要的意义。它们把海底山脉用作宿舍、托儿所、会议场所和食堂。例如，大群的路氏双髻鲨背靠海底山脉休息，它们白天漫无目的地游弋，晚上脱离群体进行打猎。夏威夷的飞旋海豚也有类似的日常生活模式。

水下山脉令深海洋流转向，将海底营养物质带上来，因此其周围水域有着丰富的海洋生物。在加那利群岛周围，短肢领航鲸非常喜欢此处充足的食物供应，它们已经变成了居民，常年在这里饲养幼鲸。

失去孩子的母亲（下图） 一头领航鲸母亲似乎在哀悼它死去的幼鲸。幼鲸漂浮在水面上，可能死于奶中塑料分子或与塑料相关的化学物质所引起的中毒性休克。一条大青鲨和金枪鱼正等着它离开，这样它们就可以啃食幼鲸了。

双髻鲨群（下页） 在加拉帕戈斯群岛，聚集着数百条双髻鲨。白天它们漫无目的地游弋,好像在休息。黄昏时分，鱼群分开。而鲨鱼在夜间打猎，黎明时分会返回岛边。

定位导航

鲸鲨以火山岛为育婴场，它们用特殊的“第六感”找到火山岛。例如，东太平洋的鲸鲨在加拉帕戈斯群岛的达尔文拱门的海里驻扎。这个天然岩石拱门比一块岩石大不了多少。从六月到十一月，平均有 1 200 只巨大的鲸鲨出现在这里，而且几乎所有的鲸鲨看起来都身怀六甲。

科学家们认为，鲸鲨借助鼻子中的电磁感应器找到了这个小点。它们识别洋流中被地磁场影响的电场，由此，鲸鲨能够以很高的精确度识别出细小的岛屿。如果略有偏差，鲸鲨就会错过岛屿。但是达尔文岛，就像所有火山岛屿一样，有自己代表性的强弱磁场。这些磁场从岛屿向外辐射，为海洋旅行者提供道路地图，而达尔文拱门就像是东太平洋磁场高速路上的一个环形交通枢纽。

一条雌鲸鲨膨胀的腹部预示着它可能怀孕了。多达 300 只幼鲸鲨正在等待出生。这是一个奇怪的产房，因为这里有很多大型食肉动物，其中包括虎鲨，但这条雌鲸鲨却和较小的丝鲨一起沿着火山向下潜水。BBC 的一台摄像机，就像固定在抹香鲸身上的那种一样，首次拍摄了这条雌鲸鲨的路线。一些丝鲨俯冲而下，用它们的身体摩擦粗糙的皮肤，可能是为了去掉外表的寄生虫。这是一个很常见的现象，但 BBC 摄像机记录下来的场景却令科学家感到震惊。每次丝鲨靠近鲸鲨，都会发出一种奇怪的吼叫。这是第一次有人目睹这样的事情，没有人知道到底是什么意思。

然而，当鲸鲨继续下潜，其他的鲨鱼便离开了。人们认为它是在深处的某个地方分娩，尽管没有人目击到。岛上的岩石和海底峡谷有很多地方可以让年轻的鲸鲨躲藏起来，完成母亲的职责后，雌鲸鲨迅速消失在蓝色的海洋中，就像它到达的时候一样神秘和迅速。几天后，贴在它身上的摄像机浮上水面。

鲸鲨育婴室（左图） 一只大腹便便的鲸鲨来到加拉帕戈斯群岛，这里应该是它分娩的地方。

最后的牺牲

老友重聚（上图） 信天翁是终身伴侣。在海上分别数月之后，它们迎接彼此，通过一场引人注目的舞蹈重温旧日的温情。

在南大洋上翱翔（左图） 信天翁开始长达 20 天、10 000 千米的捕鱼之旅，它们如此高效，以至于旅程耗费的能量只比在巢穴时稍多一点儿。

当鲸鱼和鲨鱼穿过布满波浪的海洋时，海鸟开始了惊险的旅程。信天翁每年在多风暴的南大洋上航行多达四次，而且在两年内的大部分时间里，它们不会接触陆地。

它长着细长的流线型翅膀，翼展超过 3 米——这是所有鸟类中最长的——一只雌性信天翁可能每天飞行 900 多千米，其中大部分时间不需要挥动翅膀，只需滑翔。现在它回来哺育后代，这可能是它生命中最后一次生育。在南大西洋西北角的南佐治亚州，一处偏远的鸟岛上，它从 800~900 对鸟中找出它的长期伴侣，在那里，开始抚养它们的最后一只雏鸟。近年来，信天翁的数量有所下降，因为它们吃了塑料，或者被捕鱼者捕获。所以，每个雏鸟都很重要。

伴侣重聚的时候，兴奋就显而易见了。鸟儿们向天空伸展脖子，张开翅膀，翩翩起舞。

“它们发出最不寻常的声音，好像尖叫一样，喙颤动着，当它们把头向后仰的时候，上下喙发出快速的噼啪声。”露西·奎因（Lucy Quinn）回忆道，她是英国调查南极鸟类岛的动物学家之一。

人们很难不被鸟儿们对彼此的温情所感动，从务实的角度来说，它们公开展示的这种感情，让它们能够在漫长的一生中养育20只小鸟。大多数信天翁寿命在50年左右，但是这一对夫妻大约45岁了，这会是它们最后一次配对。

来自英国南极考察队的科学家知道信天翁的大部分故事，因为他们已经在鸟岛上持续观察近60年了，不仅是信天翁，还有其他鸟类。科学家对信天翁的信息纪录是有史以来物种纪录中最为详尽的，他们发现了一些非常了不起的事情。他们知道这将是这对信天翁最后一批子女了，因为当信天翁进入暮年，它们的哺育能力就下降了。然而，最后一次养育儿女的成功率却大大提升了，因为它们会不计一切地投入和努力。年迈的雌性信天翁和它的伴侣必须飞起来，比以往更为努力地收集食物，旅行几千千米去寻找每一顿饭，这不可避免地会损耗生命。不管怎么说，年迈的信天翁拼尽全力给了孩子一个最好的生存机会。信天翁是怎么知道自己将会死去，以及如何知道这是它们最后一次繁殖机会的，这是大自然的另一个谜团。

饥饿的孩子（下图） 不断长大的小信天翁，看起来甚至比它的父母更大。它将在鸟巢中待9个月。

信天翁调查（右图） 英国南极考察队的露西·奎因和一只她在研究的鸟。

盛大聚会

斯里兰卡西北海岸外，研究抹香鲸的科学家们遇到了更大的惊喜。就像在多美尼加海岸外，印度洋上的抹香鲸生活在一个小群体中，由于它们对于在某一区域哺育和社交活动表现出强烈的忠诚，来自不同地域的鲸鱼通常不会互通往来。例如，斯里兰卡的抹香鲸与马尔代夫或者毛里求斯的抹香鲸就比较疏远。那么，想象一下，当多达 300 头来自不同族群的抹香鲸出现在斯里兰卡附近海域时，观鲸者们该有多激动了。研究员尤兰德·博思格就在那里目击了这一非比寻常的盛事。

“水下摄影师丹·比彻姆和迪迪埃·朗诺（Didier Noirot）静静地滑入水中。引擎关了静音，我们在上面等待着。超过 20 头抹香鲸向他们游来，我们知道将会拍出一些出色的照片。但是，紧接着鲸鱼改变了方向，随后，在我们发现之前，它们已经完全包围了我们的小船。鲸鱼靠得如此之近，我伸手就可以摸到它们。”

同时，丹就在鲸鱼群中。“有一段时间我被鲸鱼围绕着，它们在我左边、右边，在我身下。这么多的鲸鱼用咔嗒声彼此交流，声音如此之大，如此有力，我甚至能够感到声波穿过了我的身体。”

丹感受到鲸鱼的密切交流，正如同鸡尾酒聚会，或者家族成员聚会。这么大的群体聚会可能正是抹香鲸日历上的重大“文化”活动。正如人类文明通过语言和食物的传承，鲸鱼和海豚可能也与之类似。斯里兰卡鲸鱼可能会传播很多故事，讲关于狩猎的最好地点，或者这片海域可能是鲸鱼与异性约会的场所，等等。没有人确切知道。但对于多美尼加的沙恩·格罗而言，这种声音在这些巨兽的生活中扮演着重要角色。

“在深海的黑暗中，鲸鱼的世界是声音的世界。它们用声音看，用声音捕猎，用声音导航和交流。作为视觉型动物，我们很难勾勒出在海平面之下的生活图景。”

在斯里兰卡外海，巨大的雄鲸投下阴影，让雌鲸看起来好像小了很多，很少能够看见如此多的家族齐聚在同一个地方。不论出于什么原因，抹香鲸似乎拥有在这片蔚蓝大洋中生存的终极解决方案——一个神奇的自然声波系统，出色的社交和沟通能力，以及多样的地域文化。

参加聚会（下图） 抹香鲸通常被观察到出现在小型家庭团体中，但是偶尔，这些家庭成员会集聚在一起，举行一场大聚会。

盛大集会（下页） 印度洋中，斯里南卡海岸外。水下摄影师迪迪埃·朗诺潜水参加了抹香鲸聚会。

在我们的大洋中，有抹香鲸这种生物真的是太值得纪念了。捕鲸船曾经以它们为目标，为了获取它们头脑中的鲸油，这段历史直到20世纪80年代才结束。今天，人类仍然是最主要的威胁，这至关重要，因为丰富多样的生命正在面临挑战，这些生活在远洋中、我们了解甚少的巨兽的多文化社群正在遭到破坏。

"抹香鲸已经与我们共同生活了多个世代，"沙恩·格罗指出，"比人类开始直立行走还要早。我们将人类送往月球、将机器人送往火星的同时，我们对深邃远洋中的抹香鲸却所知甚少。斯里兰卡外海这盛大的聚会是地球上最令人困惑的水下奇观。这只是对抹香鲸生活的浮光掠影。在这个共同生活的行星上，我们却连探索都很难做到。"

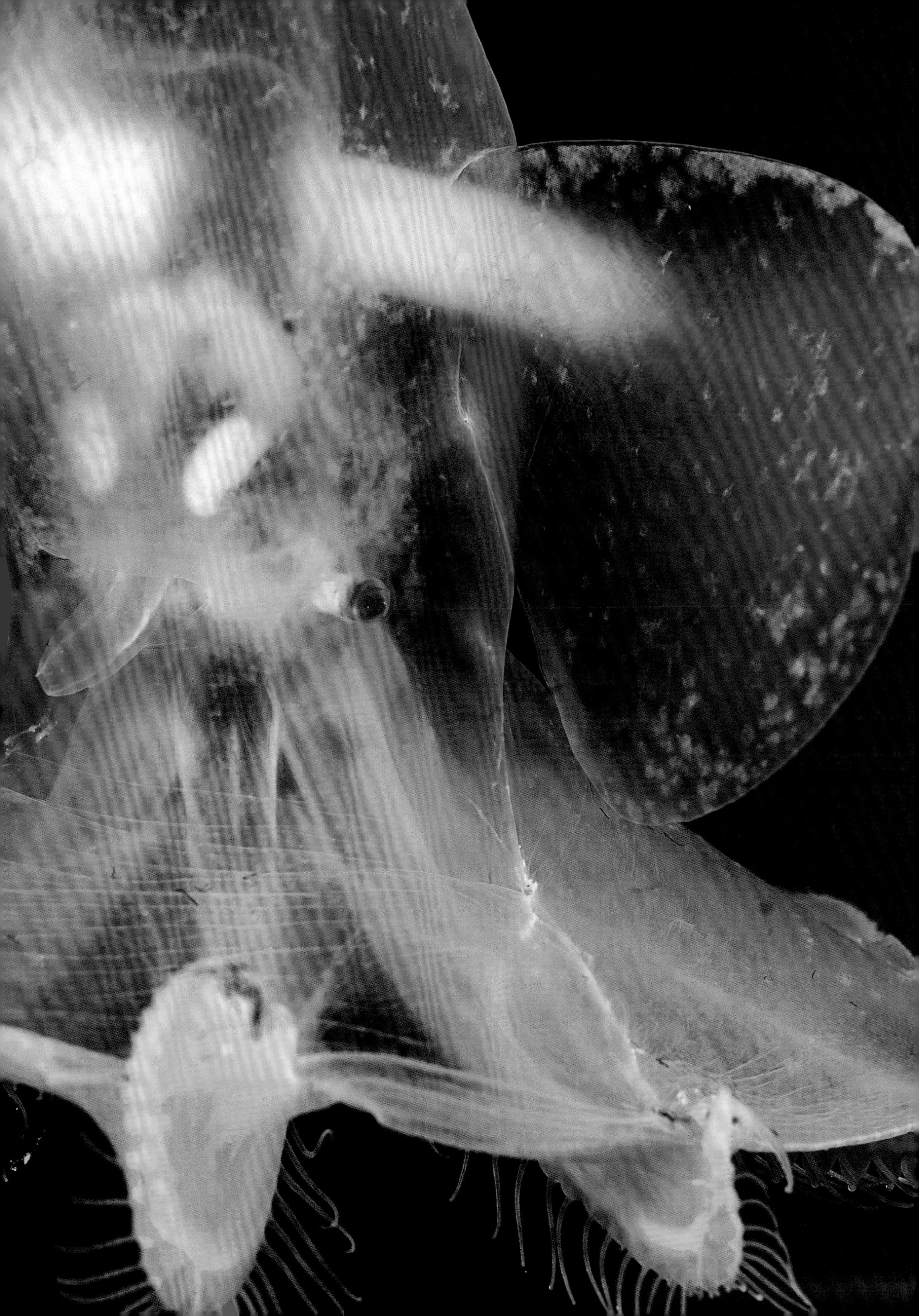

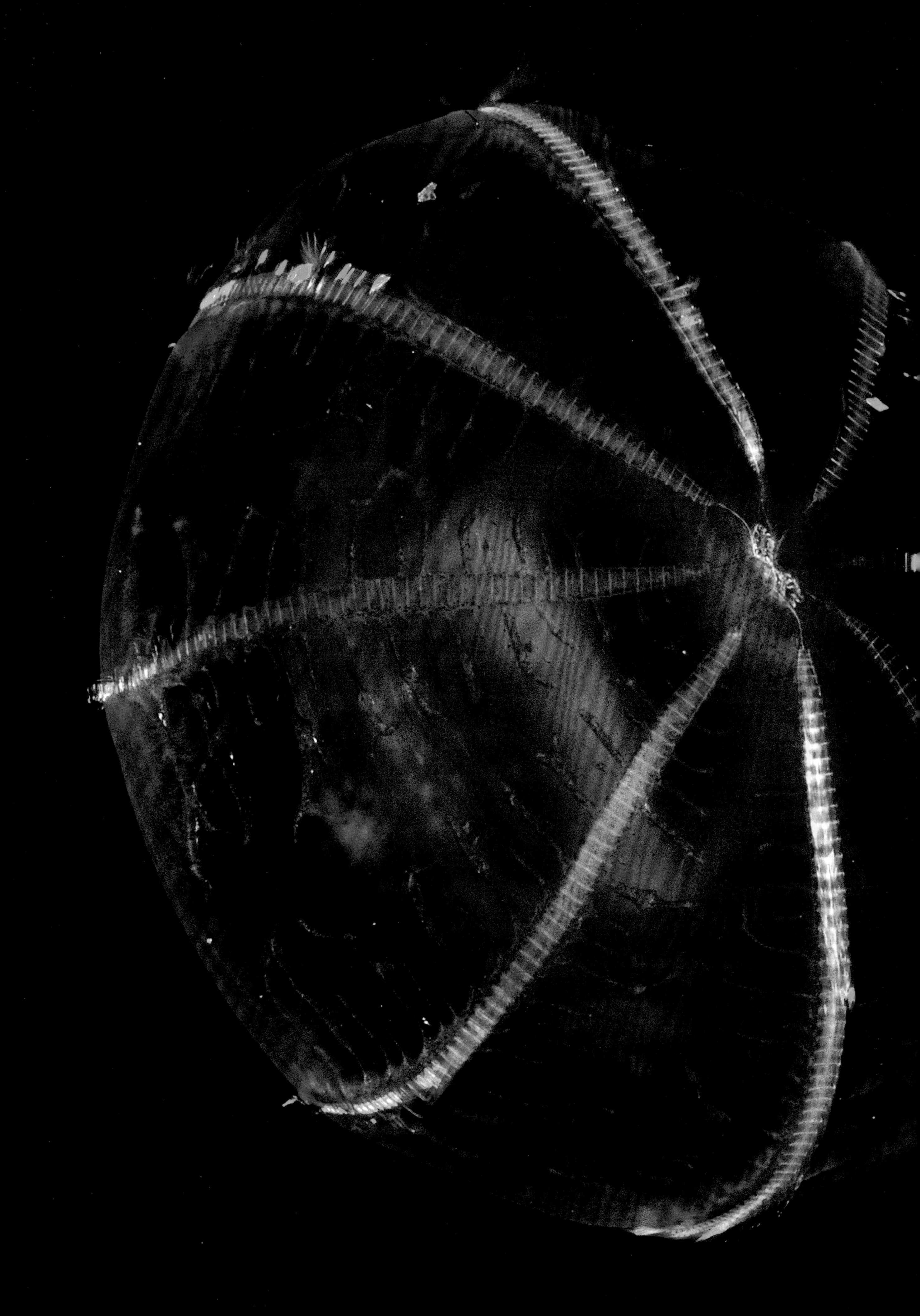

第 6 章

深 海

这里的生物与众不同

海洋深处是一个怪异而神秘的世界。大部分深海还尚未被探索，直到最近很多地方还是全然未知的世界。这里阳光照射不到，水压高到难以想象，很难理解有生命可以在这样的地方生存。然而，深海是海洋最大的生存空间，生活在这里的物种也许比其他所有海洋生物加起来还要多……但没有人对深海有确切的了解。

已经有 12 个人在月球上行走过，但只有 3 个人曾到达海洋最深的地方——“挑战者深渊”[①]。我们的火星表面地图比海底地图更为完善。但一切都在改变，过去，深海可能是人类的禁区，现在，我们有了探索深海的“飞船”，还装备了能够洞悉漆黑深处的新“眼睛”。我们有载人和遥控的深海潜水器，能够承受巨大的压力；我们开发了新的采样技术，在相机平台和图像捕捉方面取得了进展。这些技术为我们揭示了充满惊喜的深海，虽然并非一切都是我们所期待的。

我们有了一些更令人不安的发现：在开曼海槽 2 300 米的地方，发现了软饮料的易拉罐；在太平洋深海海沟旁发现一个塑料购物袋；在距离最近的陆地 1 000 千米、位于大西洋中部 1 500 米深处，发现了食物包装袋。几乎每一次刷新纪录的潜水中，深海潜水器中的科学家都在海洋中发现了人类的垃圾，即使是在最深的地方。人类的垃圾早在我们之前，已经到达了地球最后的未开发之地。

① 1960 年 1 月 23 日，人类驾驶潜水艇到达太平洋马里亚纳海沟的最深处，即挑战者深渊

雪茄栉水母（左图） 栉水母是使用纤毛（刚毛）游泳的最大非群居动物。它的颜色不是来自生物光，而是由于四周游动着动物的纤毛所导致的光散射。

半透明的章鱼（前页） 这一新的章鱼品种是在北极的深水中发现的。它还没有被命名。

冰冷的开始

南极洲是地球上最寒冷、最干燥、最多风的地方。如果从南极开始讲述深海的故事，可能会显得有点儿奇怪。但是越来越多的证据表明，今天我们在深渊中发现的有生命形态的物种的先祖过去就住在这片南方大陆的边缘。

比如说，南极洲近海的水体不同寻常。极地冰川曾经重重地碾压过整个大陆，所以这里的大陆架比任何其他大陆都要深很多。南极洲大陆架的边沿通常有500~600米深，而在世界其他地方是100~200米深。这里还有深谷，其中一些谷底深度超过1千米。这些都是由整个南极洲的强劲浊流冲刷而成的，它们像雪崩一样冲下了大陆坡，激起沉淀物，沿途流速不断加快。这意味着这里的条件与深海的一些地方并没有太大的不同，让科学家们认为南极洲的大陆架可能是这两个水下世界之间的一道门。

在南极，海水温度降至-2℃左右才会结冰。然而，情况并不总是这样，南极曾经是亚热带气候。在超级大陆冈瓦纳古陆解体后，南极洲与其他大陆分开，气候逐渐变冷。最终在2 300万年前，在南极半岛和南美洲最南端之间，形成了德雷克海峡，这使得南极环流和南极洲能够真正从海洋较温暖的地方分离出来。南极洲变成了一个“冰冻大陆”，气候的巨变引发了生活在南极洲近海的动物种群的巨大变化。

比如说，鱼的身体组织会在-0.8℃时冻结，螃蟹和龙虾无法调节身体里镁的含量，所以，直到现在只有少量物种在南极海域能生活下来。对于鱼来说，这意味着在数百万年的时间里族群的渐变，从不能在寒冷中生存的物种，渐渐演化为能够在这里生存的鱼类。

比如说，南极冰鱼的血液中有防冻剂，但没有红细胞，它看起来像一条幽灵鱼。然而，在寒冷的环境中，没有红细胞的血液更容易流动。水越冷，氧含量越高，所以冰鱼其实并不需要血红细胞。溶解在血液中的氧气只要足量，就可以维持生命。冰鱼和它的亲戚犬牙鱼可能是由懒洋洋的海底鱼类进化而来的，它们原来的血液也许是普通的，却渐渐进化出了非凡的能力，能够在这个具有挑战性的新栖息地生活。

和很多深海中的捕食者一样，犬牙鱼移动缓慢，靠狡诈和伏击来获取食物。科学家猜测，冰鱼会在海床上长时间保持不动，遇到机会就用长得出奇的胸鳍和尾巴支撑身体迅速跃起，这和深海狗母鱼在深海平原上狩猎的方式相似。犬牙鱼不会追逐任何生物，相反，它会等待猎物经过，它喜静的生活方式让它能够避免任何不必要的能量消耗。

死亡之星（右上图·左） 这条巨大的南极海星用它众多的弯弯曲曲的腕足捕捉磷虾。小冰鱼等待着偷海星的猎物。

冰鱼（右上图·右） 詹姆斯·克拉克·罗斯爵士（Sir James Clark Ross）在一次南极洲探险（1839—1843）中第一次看见南极冰鱼。不幸的是，在能够详细观察描述这条冰鱼之前，船上的猫吃掉了这条鱼。

飞翔的羽毛掸（右下图） 从“阿鲁西亚号”的潜水器上看到，这个精致的羽毛明星正在用它手臂上的一缕缕羽毛游泳，以便在水体中垂直上升。

白色峭壁（上图）“阿鲁西亚号”的载人潜水艇“深海漫游者”靠近南极洲半岛外一座巨大冰山的外壁。

鱼的稀少意味着无脊椎动物在这片水域中占据主导地位。事实上，这里的海床有着世界上最多的海洋无脊椎动物：蛇尾、海星、海百合、海葵、海参、杯珊瑚、软珊瑚、海梨、无数种类的海洋蠕虫，以及深海水母和适应寒冷的章鱼。在这里已经发现了 8 200 种物种，大部分是无脊椎动物。对于《蓝色星球Ⅱ》的制片人奥拉·多尔蒂（Orla Doherty）而言，乘坐载人潜水器观看这一切，是一种摄人心魄、充满震撼的体验。

“我们的发现完全出乎意料：在海床上，生命的丰富程度甚至超过珊瑚礁。这是一幅华丽的生命之毯，色彩缤纷，无可匹敌，我们过去两年半里曾经潜水去过的任何地方都无法与之匹敌。

“第一天，我们被一群磷虾包围了，它们被我们的灯光吸引前来。如此之多的磷虾，我们的领航员几乎看不清方向。我们关掉了灯光，希望磷虾会散开，结果获得了从未预期过的接待，在我们周围是一片闪烁着蓝色光线的海水——发着生物光的磷虾。这是第一次在野外以这种方式观察磷虾，而且我们能够用特制的低感光相机拍摄下这一切。”

所有这些生物的食物都是从上方漂散下来的——剥落的皮肤、磷虾的尸体、浮游植物的残骸、座头鲸的粪便。被这块海洋的丰饶所吸引，座头鲸每个夏天都会来这里捕食。事实上，夏天，最让在这里做研究的科学家们感到震惊的是大量的“海洋雪”[①]，这是奥拉和她的队员们的另一个南极经历。

“我们被卷入了一场海洋雪的风暴中，雪如此之厚，如果我们在海床上停留一小会儿，潜水艇的外壳上会覆盖一层厚重的白色物质。这就像是坐在雪球里一样。”

享受这场暴风雪的是色彩丰富的海百合。这些纤细的海百合的祖先最早出现在4.8亿年前的化石中。海百合长得像活的鸡毛掸子，它们挥舞着精致的手臂，在水柱中上升，在水流中漂移，然后又慢慢地沉入海底。它们总是在寻找最好的位置来拦截海洋雪，而它们捕捉的方式又很高效。细小的管脚将食物颗粒引导到每只手臂上的引导渠中，在引导渠中，毛发状的细胞将这些颗粒推送到嘴里。与海星不同的是，海百合的嘴朝上。

大量密集的南极磷虾、糠虾和片脚动物群是无数海洋生物的食物，这些海洋生物中最大的是一种海星，直径长约60厘米。这种贪婪的海星生活在海床上。看到它捕食如此高效，制片团队为它起了一个绰号，叫“死亡之星”。它的腕足多达50只，比一般的海星多10倍。这些腕足被卷了起来，在海床上高高地举着，就像钓竿一样。这些腕足会抓住经过的磷虾和小鱼，腕足上钳子一样的组织会第一时间抓紧任何掠过的物体，然后将食物送到嘴里，嘴位于腕足中间的大圆盘底部。

在这片海域中，纤细而脆弱的海羽星大行其道，这些“死亡之星”能够举起它们的腕足而不被攻击，因为很少有鱼会咬它们。事实上，鱼类的缺乏意味着“死亡之星”是顶级掠食者之一，但它也不能一手遮天。一只胖乎乎的小冰鱼是生活在这里的为数不多的鱼类之一，它偷偷溜过来，偷吃海羽星嘴里的猎物。

① 海洋雪是指海洋中植物残骸、颗粒碎片、鱼类尸体，以及其他物质的碎末，很多是白色的。它们从海面落向海底，就像下雪一样，故名“海洋雪”。

穿越大门

在讨论南极洲大陆架上的生物时，生物学家经常会用到一个词——“巨大”，因为这里的很多物种长到了离奇的尺寸，这是一种被称为“极地巨化”的现象。这里有两米高的海绵，它们可能有数百年了。还有大王具足虫，每只脚有 10 厘米长，它是木虱或鼠妇的近亲，却比这些更为人知的陆地近亲要大很多倍。海蜘蛛是蜘蛛恐惧症者的噩梦，它们虽然看起来像蜘蛛，但其实不是蜘蛛。有些海蜘蛛的腿长超过 40 厘米，身上爬满南极水蛭。

正是因为出现了如此多超出正常尺度的生物，科学家们得到一条线索：南极和深海在进化上有所关联。在深海底部，同样接近零度的环境中，会有更大的具足虫，比如能长到 76 厘米长的巨型深海大虱。还有一个“深海巨人症”的例子：这些大洋深处巨兽的形象代表——寒冷的南极水域的大王乌贼，以及生活在深海的巨型乌贼。

冷水章鱼（上图）“阿鲁西亚号”潜水艇跟踪观察到一只能够在冰寒的南极洲水域里生存的章鱼。

然而，向科学家揭示了更多南极洲大陆架和深海之间联系的动物，不是乌贼，也不是具足虫，而是章鱼。现在已经知道，章鱼从大约 3 300 万年前就居住在南极洲近海海域了，而这些章鱼最近的亲属今天仍然健在。生物学家将这些章鱼的 DNA 与他们能够找到的深海章鱼的 DNA 进行比对，发现很多深海章鱼的 DNA 能够追溯到早期的南极洲章鱼。科学家还发现了这些章鱼的后代迁移到新家的可能途径。

当南极洲与南美洲分离，德雷克海峡形成的时候，新形成的南极洲大陆急剧降温。今天，强劲有力的冷风吹过整个大陆，冻结海水，将结冰的海水推离海岸。冰下方的水体是冷的，盐度更高，富含氧气，而且，由于这些水比大洋其他地方的水密度高，使得此处水域的海水会往下沉，形成一个下沉的水流，完成全球海洋传送带中的南半球部分。数百万年前，被叫作下沉水流的这条温盐高速路开始从南极洲开往深海，今天依然如此。

那时的深海处几乎没有氧气，很少有生命，来自南极的动物借助水流到达深海，其中就有章鱼。在这条南极与深海之间的通道中，鳕鱼已经进化出了足够的手段在在南极周围生活，而章鱼则要迁徙。大约 1 500 万年前，这些迁徙开始向北扩散，遍布世界各地的海洋。

至少现在，这种流动依然在继续。这些来自南极的稠密、富含氧气的海水，与北大西洋由洋面流向海底的水流一起，为深海生物带来氧气——“深海之肺”。然而，如果我们的气候变暖导致冬天的海洋结冰减少，向深海输送氧气的水流也会减弱。在南极（和北极）发生的事情，决定了世界各地深海动物的命运。

最近，科学家们估计，在过去的 50 年里，海洋中的氧气含量下降了 2%。浅海里的氧气可能会更少，因为在那里表层海水正在变暖，温度越高，水里能溶解的氧气就越少。更深的水域中氧气的减少可能是一个迹象，说明这些赋予生命的从极地洋面到深海的水流可能已经在减弱。

海蜘蛛（右图） 在潜水艇的灯光和摄像机下，拍到了一只海蜘蛛，图像传到研究船“阿鲁西亚号”上。

深海分区

直面如此巨大的水体，研究深海的科学家们为了便于研究，将它划分成不同的区域，每个区域以其深度、含盐量、水温和到达此处的光线强度（或缺乏光线的程度）作为分区的标准。我们都熟悉海洋表面反射的粼粼波光，这也是海洋最上面的水层命名的依据——阳光层。但是即使在阳光层，水也在玩弄着光线的游戏。潜水艇的船员会发现，在不到两米深的水中，红色的光线大多被吸收了，随后是橙色和黄色，最后剩下蓝色和绿色。到了 100 米，环境变得阴郁，很少有阳光能够穿透 200 米的边界，这也就是深海第一大区域的上界——暮色带。在暮色带中，动物有着巨

透射的阳光（上图） 条件适宜的话，阳光最远可以到达 1 000 米的深处，但是到 200 米处，就已经很少有肉眼可见的明亮光线了。

大的眼睛，或者大张着、长满长牙的上下颚，或者它们身体是透明的，你可以看穿它们。

在这样的深处，利用来自太阳的能量进行光合作用制造食物已经不再可行。没有充足的阳光，只有 1% 的阳光到达如此深的地方；没有主要的生产者——植物，比如通常处于食物链底端的浮游植物。因此，暮色带中的动物完全依赖于那些生活在海洋表面的生物。它们从沉向海底的动物尸体和排泄物上寻找食物，如黏液、粪球和硅藻壳。这些食物以海洋雪的形式自上向下坠落，而暮色带中的另一些生物靠捕食迁徙动物为生。迁徙动物每天晚上垂直游升到海面觅食，早上又再返回深海。

奇特的眼睛

动物的日常活动令暮色带成为海洋中一个特别活跃的区域，暮色带是洋面和深渊之间的过渡层。人类熟悉的动物从上面来，而奇怪的生物则躲在黑暗中。

剑鱼能下潜至暮色带附近，在接近黑暗的环境渔猎，因为它有大大的眼睛，视力很好。剑鱼的大脑袋比周围的海水温暖高 10~15℃。抹香鲸在追捕深海鱿鱼的路上，有时会经过暮色带，但只是偶尔经过。小玻璃鱿鱼却是暮色带的常住居民。

玻璃鱿鱼也很适合在这里生活。它的体液中含有适量的低密度氨溶液，以防止它下沉或漂浮。它几乎是透明的，所以很难看到。它只有一个扁平的消化腺——类似于人类的肝脏——形成了一个阴影。但消化腺的一端有一个照明器官，以便在视觉上消除这个阴影的轮廓。

一些玻璃鱿鱼也有非常大的眼睛。暮色带没有什么光，但眼睛用来捕捉每一个微弱的光粒。玻璃鱿鱼的远亲斗鸡眼鱿鱼有一只普通大小的右眼和一只巨大的左眼。右眼向下看，可以看到接近自己的捕食者；左眼可以长时间向上观察水表猎物。还有更奇特的眼睛。

管眼鱼是一种有着管状眼睛的鱼，眼睛形状像双筒望远镜。超灵敏的视觉使它能够分辨出自己食用的微小桡足动物。然而，捕捉小甲壳类动物并没那么容易，这些小动物虽然每次只能跳跃几毫米远，但它们跳得非常快，最快能达到每秒近 1 000 个自己身体长度的距离，而水对它们的阻力，就像人类从糖蜜中跳跃时遇到的阻力一样大。桡足类动物似乎是地球上跑得最快、最强壮的动物，但管眼鱼并没有被打败。它的管状口部瞬间弹出，并且口腔可扩张到正常大小的 40 倍，在桡足动物再次跳跃之前，将它们吸入口中。

桶眼鱼或幽灵鱼是另外一种古怪的鱼。它的眼睛会旋转，可以通过透明的、充满液体的、圆拱形的前额向前或直接向上看。它能够偷走那些被管水母困住的猎物。管水母在海洋中像漂浮的渔网一样工作，它闪着光，吸引猎物游向自己。桶眼鱼可以发现这些闪光，漂进网中并偷走管水母来之不易的食物，它果冻状的前额保护着眼睛不被水母刺伤。

玻璃鱿鱼（右上图·左） 这些肿胀的、小触须的半透明鱿鱼有一个大的腔，里面装满了氨溶液，可以增添浮力。这让它们被称为“潜水器鱿鱼”，因为它们的形状像一个深海潜水器。它们的透明度是一种伪装，起到保护作用。

管眼鱼（右上图·右） 这种鱼身材修长，但不超过 28 厘米，它像鞭子一样的奇特尾鳍使身长增加了 3 倍。它的头上有一对管状的眼睛，像是戴了一副望远镜。它与鳕鱼是远房亲戚，却被赋予了一种只属于自己的科目：鞭尾鱼科。

桶眼鱼（右下图） 保护桶眼鱼眼睛的这个透明盾牌是由蒙特里水族馆研究所的科学家们发现的。他们最先拍到这种不寻常的动物，拍摄地点是这种特殊鱼类的栖息地。

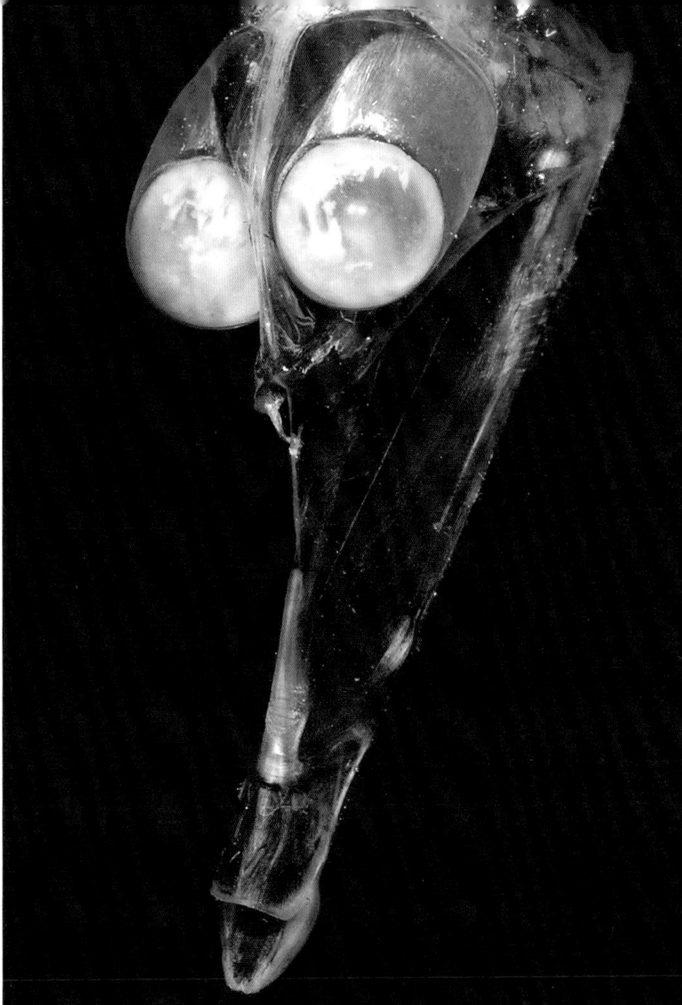

隐身斗篷

到达暮色带的少量光线有可能使得试图隐藏在这里的动物暴露出来。从下面看，它们的轮廓会从四周背景中显现出来，所以它们采取了一些措施来伪装或打破它们的轮廓。在它们的身体底部有一排排发光细胞或发光器官，它们发出的光与从海洋表面射下来的光混在一起，从而隐藏住自己身体的轮廓。这样其他鱼类和鱿鱼从下方观察时，几乎看不到它们。

灯笼鱼家族几乎无处不在，其侧翼上长有发光器官，可以控制发光，所以它们配合从水表射过来的光线，掩盖自己的轮廓。不同的物种有不同的生活模式，发光也可以用来进行群体交流，甚至可能被用来求偶。一种灯笼鱼的“前灯”靠近每只眼睛，可以用来吸引和照亮猎物；有些鱼的尾巴上有照明器官，可能被用作假饵迷惑潜在的捕食者。

灯笼鱼家族有一个猎手是尖牙鱼，这是一种深海鱼类，曾出现在深达 5 000 米的水中。它拥有最大的牙齿，比同体形任何鱼的牙齿都要大。尖牙鱼看起来暴躁易

尖牙鱼（下图） 尖牙鱼只有 16 厘米长，但是鱼的上下颚已经被长牙撑满。它的两颗底端长牙如此之长，以至于大脑的两边有暗槽，这样当鱼嘴合上时，长牙可以插到暗槽中。

灯笼鱼（上图） 这条灯笼鱼有着巨大的眼睛和向前照明的器官，这给了它一个外号——前灯鱼。

怒，但似乎比其他任何生命都更需依赖运气才能找到晚餐。它缺乏良好的视力，所以不能清楚地看到灯笼鱼的光信号。不过，它的主要感觉似乎来自一种特别发达的侧线，以识别水中的运动和振动。接触时，尖牙鱼用敏锐的嗅觉来确定对方是否可以食用。

更为可怕的是洪堡乌贼群。这些体长可达 2 米的乌贼，是世界上最大的乌贼之一，也是最凶猛的一种。西班牙渔民称它们为“红魔”，因为它们在打猎时闪耀着红色和白色的光。它们每天都垂直迁徙，在夜间跟着灯笼鱼来到水面。当它们跳跃时，似乎是在“闪光交流”，皮肤上出现了不断变化的颜色和图形。它们到底是否在交流仍然未知，但曾有 30~40 头洪堡乌贼同时在一群灯笼鱼下方盘旋。不到一秒，它们的长触手就抓住了猎物。洪堡乌贼棒状触手靠近身体的末端有 100~200 个吸盘，吸盘武装有锋利的牙齿，没有什么可以逃脱这样的吸盘。它的喙很尖锐，形状像鹦鹉喙，捕猎时会刺进猎物的肉体中。不过，一般认为这种乌贼并没有咬断骨头的力量。尽管如此，现已确定它们曾在水面袭击过潜水者，并将水下摄像机摆弄失灵了。

气候变化的盟友

暮色带可能缺少光线，但肯定不缺动物。科学家们估计，海洋中 90% 以上的海洋生物都生活在这里。最近发表在《自然》杂志上的一项研究表明，暮色带的生命总重量超过 100 亿吨，是世界上每年捕鱼量的 100 倍，也是地球上存量最大的脊椎动物鸡类生物量的 200 倍。暮色带的鱼类可能对从大气中吸收二氧化碳起着一定的作用。海洋表面的浮游植物利用二氧化碳制造食物，又被浮游动物吞噬。这些小浮游动物，又是暮色带中鱼类的食物。碳就进入暮色带鱼类的身体，当这些鱼死后，尸体会沉向深海，带走碳，尽管只有 1% 的尸体能到达海底，大部分在下降过程中被其他动物摄入利用。这使得暮色带鱼类成为应对气候变化威胁的关键盟友，然而商业捕鱼船队正开始瞄准这些鱼类，因为其他靠近水表的鱼类资源已被捕捞殆尽——我们又失去了一个碳储存池。

巨型鱿鱼（上图） 曾经，只在靠近太平洋海岸或中美洲海岸的地方发现过洪堡鱿鱼或巨型鱿鱼。现在它的活动范围已经北至阿拉斯加，南到火地岛。由于厄尔尼诺现象导致的海水变暖，以及竞争对手的过度捕捞，令巨型鱿鱼迁移到新的地区。

报警水母（上图） 深海“报警水母”会发出生物光。特别是它中间的环状生殖腺地带，在受到威胁时，会闪耀蓝光。

太阳照不到的地方

暮色带底与其下方海域的分界线在 1 千米深处。再往下，是一个黑暗甚至更为神秘的区域——午夜区。该区域延伸到水下 4 千米处。这里根本没有阳光，这里的光，其主要来源是生物。有些生物会自己发光，其他生物则借用共生细菌的生物光，它们发出的光通常是蓝绿色的。这些光的功能可能是以下的任意一种：发现或迷惑猎物、恐吓侵略者、吸引伙伴或吸引食物，或与邻居交谈。例如，“报警水母”，用一系列炫目的闪光来欺骗攻击者，同时还吸引其他肉食动物，这些肉食动物可以攻击、赶走来犯之敌。

毒蛇鱼能吸引暮色带的小动物到它的嘴里，它的嘴上面有一根短的“钓竿”，钓竿上有一盏明亮的灯。钓竿是它的背鳍上第一个脊椎骨的延伸，它的巨大的长牙可以咬住任何足够接近的好奇的鱼、鱿鱼或虾。然而，它的牙齿太大，以至于如果攻击错误，就有可能刺穿自己的嘴部。

一条深海海蛾鱼走得更远。这条红灯黑柔骨鱼有一种不同寻常的技巧，专门用来对付试图分散它注意力的猎物。当一只深海虾被追踪时，它会突然释放一种明亮的蓝色荧光烟雾来迷惑敌人。许多深海虾类都有这种逃生行为，但对这种特殊的海蛾鱼这一招并不管用，黑柔骨鱼有自己独特的生物光。它打开了自己特有的红灯，照亮了一个小小的搜索区域。黑柔骨鱼是深海中少数能看到红色的生物之一，它的眼睛里也有叶绿素，以增强其视觉能见的色谱范围。绿色植物和藻类通常利用叶绿素进行光合作用，但这种鱼是已知的唯一会将叶绿素用作不同用途的动物。

海蛾鱼的红色光束照射距离短，因为红色被吸收得很快。出于同样的道理，这里有很多红色或黑色的动物，这让它们很难被看清。深海虾是红色的（在它们被煮熟之前也是红色的），而海蛾鱼的肚子是不透明的黑色，这样其他捕食者就不能看到它吞下任何含生物光的猎物，也就能避免在消化食物时引起其他生物的注意。它的头和脖子之间也有一个独特的关节，使它的下颚张开特别宽，以吞下更大的猎物。

海蛾鱼（下图） 红灯黑柔骨鱼是一种海蛾鱼。它有一双能产生红光的发光器官。

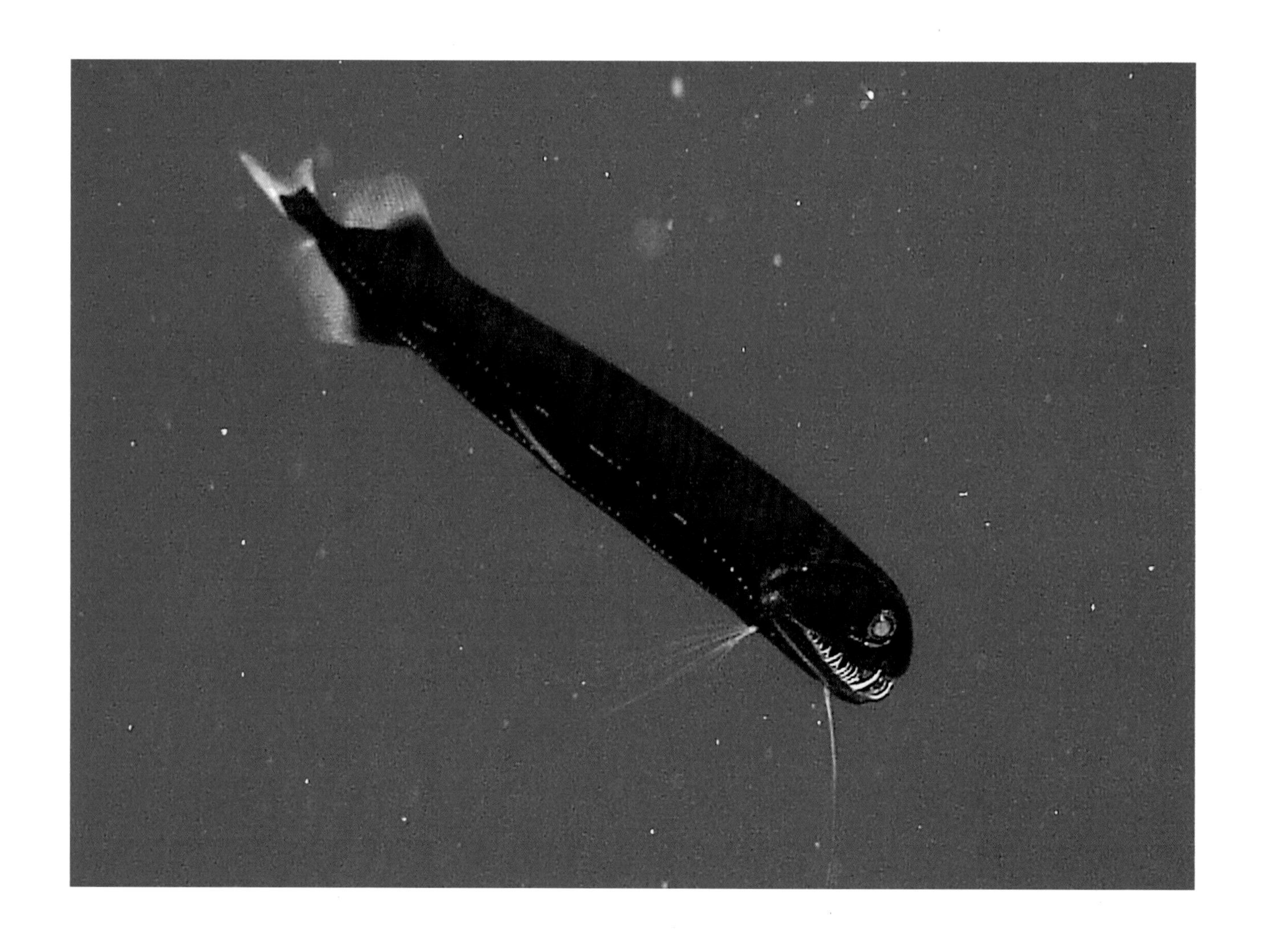

深海平原

深海区是从午夜区的下限延伸到深海海床，在海平面以下 6 千米。这是一个非常平静的地方，远离海面上的风暴。水域温度在 0~4℃之间，压力是海平面大气压力的 400~600 倍。

在这样的深度，潜水器上看到的景象往往绝大部分都是“海洋雪”。从上到下的“雪花”要花大半个月才能漂下来，最终固定在海底。沉淀虽然缓慢，但它们却源源不断地在海洋中下沉，有从陆地被风吹到远洋的物质，有被河流裹挟冲入大海的淤泥。来自洋面的“海洋雪”慢慢积落，铺满了海床。因此，海底显得平坦而无显著特征，看起来几乎像是沙漠。这是深海平原，地球上最平坦的地方。

从海面以下 3 000 米到 6 000 米之间的任何深度，都发现了海底平原，通常平原被夹在中洋脊和大陆坡之间。尽管它覆盖了大部分的海底，但却是地球上研究得最少的栖息地之一。

古老的棘皮动物（下图） 西印度洋海百合是一种带茎的海百合，海百合是一种动物，它的起源可以追溯到 4.85 亿年前。

鮟鱇（上图） 鮟鱇既可以依靠又短又粗像腿一样的胸肌和腹鳍在海底自由“行走”，也可以像其他鱼类一样在海中畅游。

海底平原的生物密度比深海里的其他地方要小，但动物生命仍具有丰富的多样性。就在海床上，海百合捕捉浮游生物；蓝鳕鱼在沉积物中搜寻食物；深海狗母鱼则伸开细长的鳍，把自己固定在海床上，头对着海流，等待猎物；海星用数以百计的管脚蠕动着，吃活的或死的食物；海蛇尾移动它那灵活的腕，捧起有机生物遗骸进食；海参翻犁着海床；多毛纲的蠕虫、心形海胆和双壳类软体动物直接挖洞进入沉积物中搜寻。而鮟鱇（实际上是一条鱼）用变体的鳍在海底行走，它的鳍看起来像腿。

这其中的许多动物在没有进食的情况下能够生存几个星期、几个月甚至几年。在深海区，等待是很正常的。大多数生物最终都依赖上面沉下来的物质，不论是什么，但它们可以靠这些相对贫乏的口粮生存。因为这里就像南极洲一样，非常寒冷，动物们的新陈代谢也很缓慢。它们移动得很慢，或者只是在原地耐心等待食物的出现，从而尽量减少能量的损耗。当然，有时候，什么都不会出现。

硬水母类（下图） 这种僧帽水母的深海亲戚生活在毗邻大西洋东北部的爱尔兰大陆架 4 850 米深处的波丘派恩河海底平原。

海洋的过度捕捞一度让某些深海平原动物的食物减少了，它们引以为食的鱼类尸体和粪便减少了。海洋上方鱼类种群数的锐减，必然会导致深海生物也被剥夺了部分基本食物。位于主要渔场正下方的深海区的动物们生存艰难，这是科学家以前没有意识到的。人类消耗鱼类资源，这种累积效应，还会对深海生态系统造成未知的破坏。

即便如此，在正常情况下，晴朗、温暖的夏天可以为深海区的动物们更高效地生产食物。偶尔，当大量的有机生物，比如硅藻，在海洋表面繁荣生长，就会带来更多有机物质沉向海底。硅藻的增长，会触发水中生物的大量繁殖，比如以藻类为食的樽海鞘，当它们死去时，尸体不仅是下方动物的食物来源，而且还会把碳封存在体内，带到海底。它们是另外一个气候变化的盟友。这些突然注入的能量可以在几周内提供平时几年食物的量。那么，想象一下，一头死去的抹香鲸降落在海底，会是什么情景。

巨鲸坠落

尸体落到海床的那一刻，巨大的压力将血液和油脂从身体中挤压出来，诱人的气息漂过海底。每一个下游的化学感应器都被触发，感应器的主人们处于高度戒备状态。那些贪婪的家伙努力顺着气息找到源头。宴会开始了。

短短 25 分钟后，第一个用餐的客人就到了。这是一个真正的强者——雌性灰六鳃鲨。它身长 4~5 米，是世界上体形最大、力气最大的鲨鱼之一。和这里的大多数大型动物一样，它懒洋洋地进入视野，似乎一点儿也不着急，张大嘴咬了一大口。上颚中楔子一样的牙齿咬进鲸鱼肉里，下颚中梳子一样的牙齿则把肉切细。它将头猛地从一边甩到另一边，锯开血肉和肌腱，它的绿色大眼睛又回到了鲸身上，这是一种自动的反应，防止死鲸反击。它的每一口都在鲸身上留下一个扯开的口子，更多的液体流出并漂向下游。

它独享的时间不长，一条更大的鲨鱼从 1 千米以外的地方闻到了气味，这也是一条六鳃鲨，它想要独占这只鲸鱼。六鳃鲨是领地意识很强的物种，谁最大，谁就排在前面，就更占优势。但正当它驱赶先来的那头灰六鳃鲨时，更多的鲨鱼赶到了。

盛宴（下图）

1. 一头抹香鲸残缺不全的尸体停在深海底。

2. 一只蜘蛛蟹在啃噬鲸鱼的内脏，同时一头巨大的六鳃鲨游过。

3. 在大西洋的海底，灰六鳃鲨正在疯狂地进餐。

4. 鲨鱼离开后，鲸鱼尸体的残骸被蜘蛛蟹、深海鱼、八目鳗、片脚类和其他任何路过的生物接管。

1

2

它试图通过咬它们的身体，还有鳃——这是它们最敏感的部分，将这些后来的鲨鱼们赶走，但是食物的诱惑力太大了，后来的鲨鱼们蜂拥而上，盖过了大睢鲨，并加快了进食行动。

助理制作人威尔·雷格恩从深海潜水器中观察到这一幕："我们靠近尸体时，可以看到一片巨大的淤泥和沉淀物，只能辨认出几条大六鳃鲨。最多时，我们看见 7 个巨大的睢鲨在撕咬鲸鱼，最大的一条离潜水器不远。它们正在啃食大块的鲸脂，但也在互相撕咬。一条 5 米长的鲨鱼撞在潜水艇的圆顶上，真的令人胆寒。"

虽然很可怕，但这是第一次有人目击到大西洋下 800 米深的海底鲨鱼觅食的疯狂混战。

鲨鱼每咬一口，就会把更多的碎屑和气味扩散出去，进食引起的震动横跨海底，被另一种动物非常敏感的腿所捕捉，这就是深海蜘蛛蟹。这些蟹动作缓慢而机械，奇怪的是，它们用后腿抓住海绵并背到背上。这样做有什么好处，目前还尚未知晓。

赶来的蜘蛛蟹们似乎对加入盛宴更为谨慎。一条大六鳃鲨可以将海蟹撕成两半，而且有时它们确实这么做了。蜘蛛蟹只能等在一旁，一边进食被鲨鱼撕碎漂散的内脏，一边待机而动。在鲸鱼尸体坠落的三天之后，鲨鱼们终于吃饱离开了。

3

4

危险的邂逅（右图） 潜水艇中的摄像人员近距离邂逅了一条 4.5 米长的雌性六鳃鲨。它离潜水艇太近了，撞到并咬了亚克力前舱。

鲸鱼的尸体现在几乎无法辨认，但仍有大量的肉留下。蜘蛛蟹最终进来了，加入的还有深海海虾、铠甲虾、片脚类动物，以及一群深海鱼类。鲸鱼尸体已经成为整个生态系统的焦点，在一个通常很难得到食物的地方，它带来巨大的食物输入。在这个地方，一只鲸鱼的降落可以提供与一千年的“海洋雪”相当的有机物质。它也吸引了不食腐肉的食肉动物，这些诡异的捕食者只能用鼻子闻闻，权当是饱餐一顿了。

鲨鱼离开一个月后，一群银鞘鱼出现了。它们的兴趣并不是鲸鱼肉或鲸脂，而是猎捕前来进食的深海其他肉食者。这些猎手的形状是带状的，超过一米长，它们的身体有着闪亮的光泽，就像抛光的金属一样。它们垂直悬停在水中，几乎一动不动，但出击的时候，非常迅速。它们利用诡计、速度和像针一样锋利的牙齿，抓住宴席上留下的较小的鱼和甲壳类动物。对它们来讲，鲸鱼也带来了可喜的盛宴。当鲸鱼的骨头被清理干净，许多动物都离开了，故事并没有结束，骨骼还吸引了一些意想不到的奇异生物。

开花的鼻涕虫，又被亲切而夸张地称为“僵尸蠕虫”，它会钻到骨头里。这些小角色仅仅长约 2~7 厘米，看起来更像是植物，而不是动物。它们身体的一端有红色的花朵状的鳃，从水里收集氧气，另一端则是根状的结构，产生一种不断侵蚀骨骼的酸。它们就这样牢牢固定下来，准备消化鲸鱼骨架。它们没有口腔或消化道，但其根状结构部分能够培育共生细菌，有助于分解脂肪和蛋白质，释放营养物质。目前还不知道蠕虫是如何吸收这些营养的。

另一个谜团是性别之谜。当 2002 年首次发现这些生物时，科学家研究的所有僵尸蠕虫都被证明是雌性的。没有雄性的迹象，直到他们解剖了一只蠕虫，蠕虫体内果冻状的管子里都是雄虫，一只雌虫体内有 100 只雄虫。

最终，钻进残骸的僵尸蠕虫如此之多，以至于整个残骸就像一个红色的绒头地毯。但经过多年之后，当鲸骨最终被完全消化时，成年的蠕虫就会死亡。然而，它们的卵和幼虫还会继续存活下去。它们漂浮在深海水流中，只要能找到另一具残骸，家族就会延续。这些虫子已经这样生活很久了。

现在，我们已经在三千万年前的鲸鱼化石上发现僵尸蠕虫的痕迹。只要有鲸鱼，就有僵尸蠕虫，它们肯定是在鲸鱼进化之前就已经成为“食骨专家”。而生活在1亿年前的蛇颈龙和古代海龟的化石骨架上，也发现有僵尸蠕虫的痕迹。

在现代海洋中，不同地区的一些鲸鱼骨骼上，发现过几种不同的僵尸蠕虫。海洋生物学家的猜测是，在大鲸鱼的广泛迁徙路线下，僵尸蠕虫用鲸鱼的尸骸作为“垫脚石”，从一个残骸跳到下一个。独特的深海生物生态系统，使得这种神秘的僵尸蠕虫可以在世界范围内的海洋中繁衍生息。

但如果鲸鱼没有下沉，会发生什么呢？19世纪和20世纪间，密集的捕鲸活动消灭了大量的巨鲸，几乎没有鲸鱼的尸体能到达海底。经过很长一段时间后，旧式的捕鲸业随之而来，捕鱼者弃用鲸鱼的骨架，使得鲸鱼的骨架能够沉到海底，充当僵尸蠕虫的“垫脚石”。但因为现代的捕鲸技术兴起，使得鲸鱼濒临灭绝，几乎没有鲸鱼的尸体能够沉入海底，“垫脚石”也随之消失。像过度捕捞一样，人类在海洋上所做的事情一定会对深海中的动物产生影响，而我们现在才刚刚开始了解这些。

最深的深海

大洋最深的地方是超深渊带。在这里，海沟扎入最深的地方，最深的是“挑战者深渊”，太平洋马里亚纳海沟在水平面下 10 984 米深的地方。这里的压力非常大，是海平面上的 1 000 倍——就是在这里，大洋渐渐揭开它最深的秘密。

海沟的峭壁上装点了纯白色的海葵，就好像精致的壁纸一样。海床上布满了毛毯一样的细菌垫。这里有被压平的沙堡，里面住着阿米巴虫一样的生物——有孔虫——它们的丝状假足有许多细胞核但没有细胞壁，这令它们成为世界上最大的单细胞生物，有的长达 10 厘米！

长得像雄性生殖器的螠虫在海底沉淀物上构造出星星的形状。这里还有很多类型的海黄瓜，其中有一种被惟妙惟肖地形容为海猪，它们小群体行动，在海床上刨来刨去，这点和家猪惊人地相似。

片脚类动物是种怪异的生物，在深海中，大多数物种都不到 3 厘米长，但在超深渊带这里那些“超级巨人”则大出 9 倍，最大能达到 34 厘米长，这是另一个深海

海猪（下图） 海猪属于海黄瓜，但它有巨大的、像腿一样的管状足。它们似乎在像猪一样嗅着沉淀物，从海床上挖掘出食物微粒。它们更喜欢刚从水面掉落的食物，通过气味，它们可以判断出食物的新鲜度。

新种狮子鱼（上图） 这种新种狮子鱼只生活在西南太平洋的科马德克海沟中，它和深海中的蛇尾海星一起生活在 7 166 米深的地方，这使它成为生活得最深的鱼类。

"巨人症"的例子。为了防御，它们把荆棘丛一样的小尾巴向上竖起，刺向任何好奇地游过来的鱼。

在海沟中发现了鱼类、深海鳕鳗和新种狮子鱼，每条海沟都有自己独特的物种。在自然界中能观察到的生活在最深处的鱼位于马里亚纳海沟深度 8 145 米处。这种新种狮子鱼是淡粉色的，它们的脸和卡通的达克斯猎狗一样，有着幽灵一样的胸鳍，头后面的身体看上去没有结构，像湿纸巾一样舞动着，科学家们称其为"飘逸的新种狮子鱼"。

这种鱼能在极端的深度下存活，这本身就很神奇，它们之所以能这样做，是因为其体内含有能稳定蛋白质的特殊化学物质。否则，巨大的压力会扭曲细胞中的蛋白质，但这种生化反应只会在 8 400 米处的压力下发生。到了再深一些的地方，将需要新的生化反应才能维系生命的存在。这意味着这些新种狮子鱼和深海鳕鳗已经达到鱼类所能生存的深度极限了，而深渊的最底端，恐怕连这些鱼都无法触及。

迷人的深海珊瑚花园

深海平原和海床可能让人认为海底是平的，其实大部分海底并不是这样的。这里有海底峡谷、宽阔的裂谷、深海山、山脊、陡峭的悬崖、高耸的海底山、活跃的海底火山和广阔的山脉。事实上，世界上最长的山脉是大洋中脊，这是一种大洋脊系统，存在于所有的海洋中。它绵延 65 000 千米，比陆地上最长的安第斯山脉的 11 倍还长。令人惊讶的是，在这些巨大的但大部分无法看到的水下宝藏中，还有珊瑚花园。

提到珊瑚，人们熟悉的画面是沐浴在碧绿海水中的热带岛屿天堂，但还有其他类型的珊瑚：冷水珊瑚和海洋保留得最好的秘密——深海珊瑚花园。这些珊瑚礁比我们所熟悉的珊瑚礁更难以接近，有些珊瑚礁的深度达 6 000 米，但更多种类的珊瑚生长在冷水珊瑚丛中，而非浅滩的热带礁石上。这里还是许多不同种类的海洋生物的栖身之所。

在潜水器的前灯照射下，珊瑚礁变成了一场视觉盛宴——黄色、橙色、红色和紫色，精致的珊瑚形状像树木、像羽毛、像扇子，其间点缀着海绵和色彩鲜艳的海葵。螃蟹和龙虾生活在礁石堆上的活珊瑚中，小虾和对虾在珊瑚枝间穿梭。巨大的鱼群直接在头顶上游动，而海蠕虫和海参则在珊瑚的瓦砾中四处游荡，沙子散落在周围。

深海珊瑚礁具有生物多样性的特点，是食物的来源，是躲避捕食者的庇护所和幼鱼的托儿所，它们存在于世界上所有的海洋中，包括冰冷的南极水域。在那里，珊瑚很好地适应了恶劣的环境，即使是在很深的深度。

与许多浅水亲戚不同，深海珊瑚中没有进行光合作用的虫黄藻，所以它们不需要阳光，它们依靠自己的触须捕获漂浮在水流中的微小的“海洋雪”颗粒。然而，因为没有这些小帮手，它们的生长速度非常缓慢，每年只会长一根头发的宽度，虽然珊瑚虫本身命不长，但不断生长的珊瑚是长寿的。在夏威夷的深水水域，一种黑色的珊瑚被确定为 4 265 岁。这棵珊瑚开始生长的时候，古埃及人刚开始建造金字塔，如果能够不被打扰，它很可能会继续生长数千年。

科学研究收获一个珊瑚是一回事，毁灭整个珊瑚花园却是另一回事，深海的遥远不再是人类的障碍。由于浅海已被过度捕捞，世界渔业对深海鱼类的捕捞越来越深，比如鲈鲉、蓝鳕鱼和橘棘鲷。橘棘鲷是一种深海鱼类，寿命长达 150 年，人类的捕捞已经威胁到了它们的生存。极端的海底拖网式捕鱼可能是对海洋伤害最大的方式。

深海珊瑚（下图） 黄色的比斯卡亚黄柳珊瑚被发现生长在大西洋海床上。它可以一直生活超过 600 年。

冷水珊瑚花园（下页） 黄色的黄柳珊瑚、外形像海百合的亮橙色的海星与一种像蠕虫的蛇尾一起生活在深海珊瑚礁上。

海底拖网严重破坏海床。使渔网保持张开状态的沉重铁制网口，以及支撑整个渔网拖行的滚轮，在海底刨出深深的沟壑，将整个深海珊瑚花园夷为平地，就像被彻底铲除的森林一样。威尔·雷格恩刚到达墨西哥湾海床上，就看到了这样的肆意破坏。

“我们原本预期会看到繁荣的深海珊瑚礁，但现实却是几百米的废墟。这非常令人沮丧。拖网完全破坏了这可能已经存在了几千年的珊瑚礁。如果它能恢复的话，可能需要数千年的时间。”

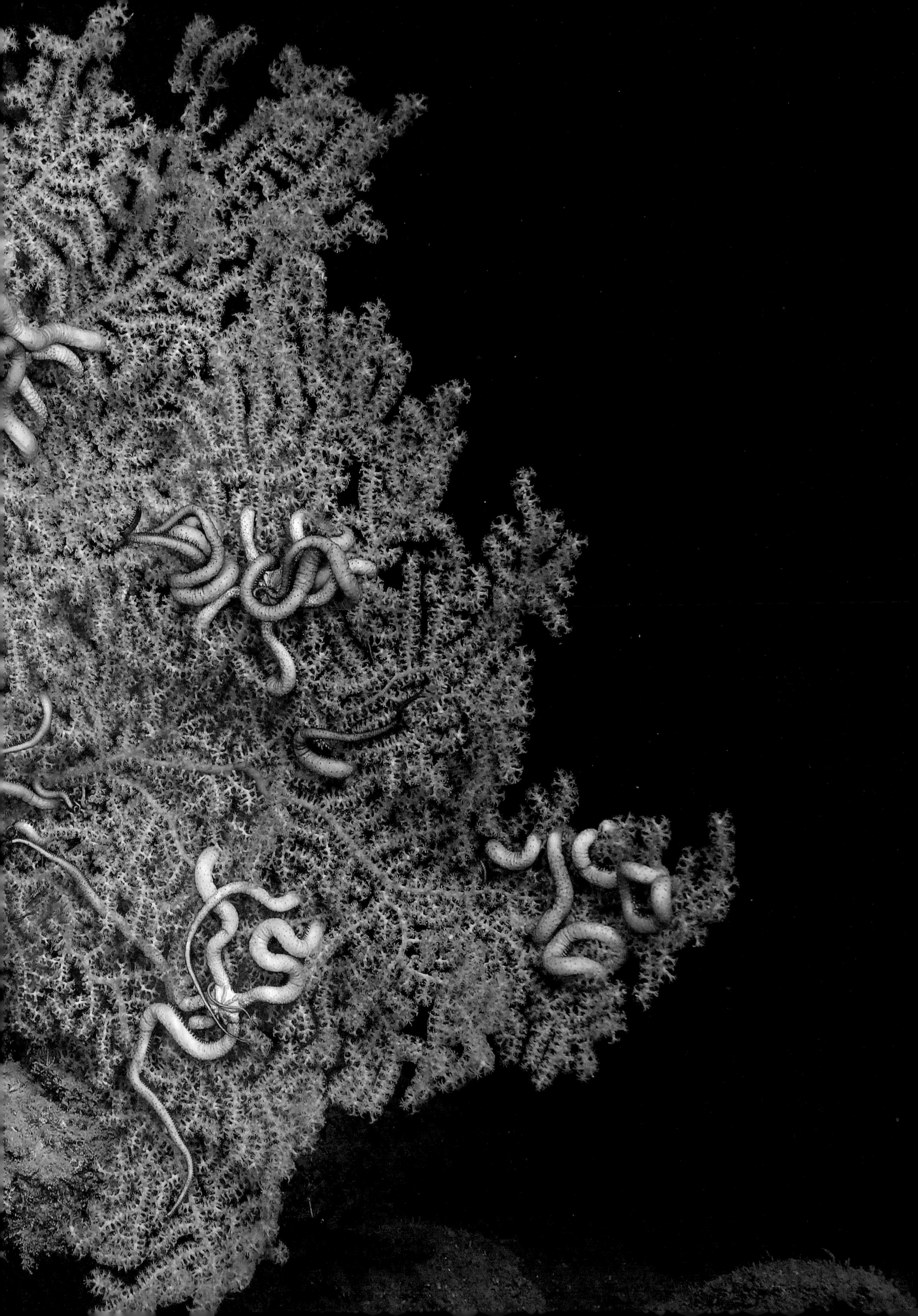

螃蟹和海蜗牛育儿所

大洋中脊是熔化的岩浆从地球内部喷涌而出形成的。岩浆的泄出形成了地球上的板块构造特征，并且导致各个板块也在漂移。大部分的海洋山脊是藏在几百米深的水下，泄出的岩浆中含有热量和营养物质。在海床附近的岩浆泄出口，吸引了大量生物迁居过来利用这些能量，但这里的使用方法和深海中其他地方不一样。支撑海底鲸落的短暂生态系统或深海珊瑚礁动物群落的能量必须来自于在海水表层进行光合作用的浮游植物，但在海洋底部有其他系统，它们根本不依赖于太阳。

在深海底部的某些地方，从地球深处发出的热量使岩石产生裂缝，甲烷（天然气）和硫化氢（臭鸡蛋气味）从这些岩石裂缝中泄漏出来。当排放温度等同或略高

螃蟹（下图和右图） 深海的雪人蟹生活在寒冷的甲烷冷泉附近，自己种植食物。雪人蟹的钳子上生长着一个细菌花园，它以这样的细菌为食。雪人蟹挥动着两只钳子跳着一种带节奏的滑稽舞蹈。

于周围的海水温度时，它通常被称为冷泉。如果温度高出很多，就被称为热泉。这两种渗出情况都形成了自己独特的生物群落。

这些生态系统的驱动力都是细菌和其他原始微生物。这些微生物可以利用甲烷或硫化氢来制造糖，从化学过程中获得能量，而不是像植物和光合细菌那样通过太阳。它们也被称为化学合成细菌，这些细菌是冷泉和热泉社会族群中其他成员的食物。

许多生物被冷泉所吸引。皇帝蟹以白色或橙色的菌垫为食，这些细菌靠着冷泉周围喷出的化学物质生活；而大管虫也有共生的细菌，这些细菌生长在它们身体中，为它们供给营养物质。但其中最奇怪的生物必须是雪人蟹，它是在哥斯达黎加海岸边的一个寒冷的海面上被发现的，毛茸茸的外表为它赢得“雪人蟹”的绰号。世界上有好几种雪人蟹。这种蟹的身体，尤其是它的钳子上长满了刚毛，这是在“种植”细菌。在一种奇怪的舞蹈中，雪人蟹将钳子在活跃的冷泉上挥舞，从而令细菌最大化地暴露在所需的化学物质中。而在进食时，它把长毛的钳子刷过像梳子一样的口器，吞下细菌颗粒。

威尔·雷格恩要寻找这些雪人蟹，他的潜水器需要沉入距离海面大约 1 000 米的深海。他的任务是拍摄蟹类不寻常的行为，但首先他必须找到它们。

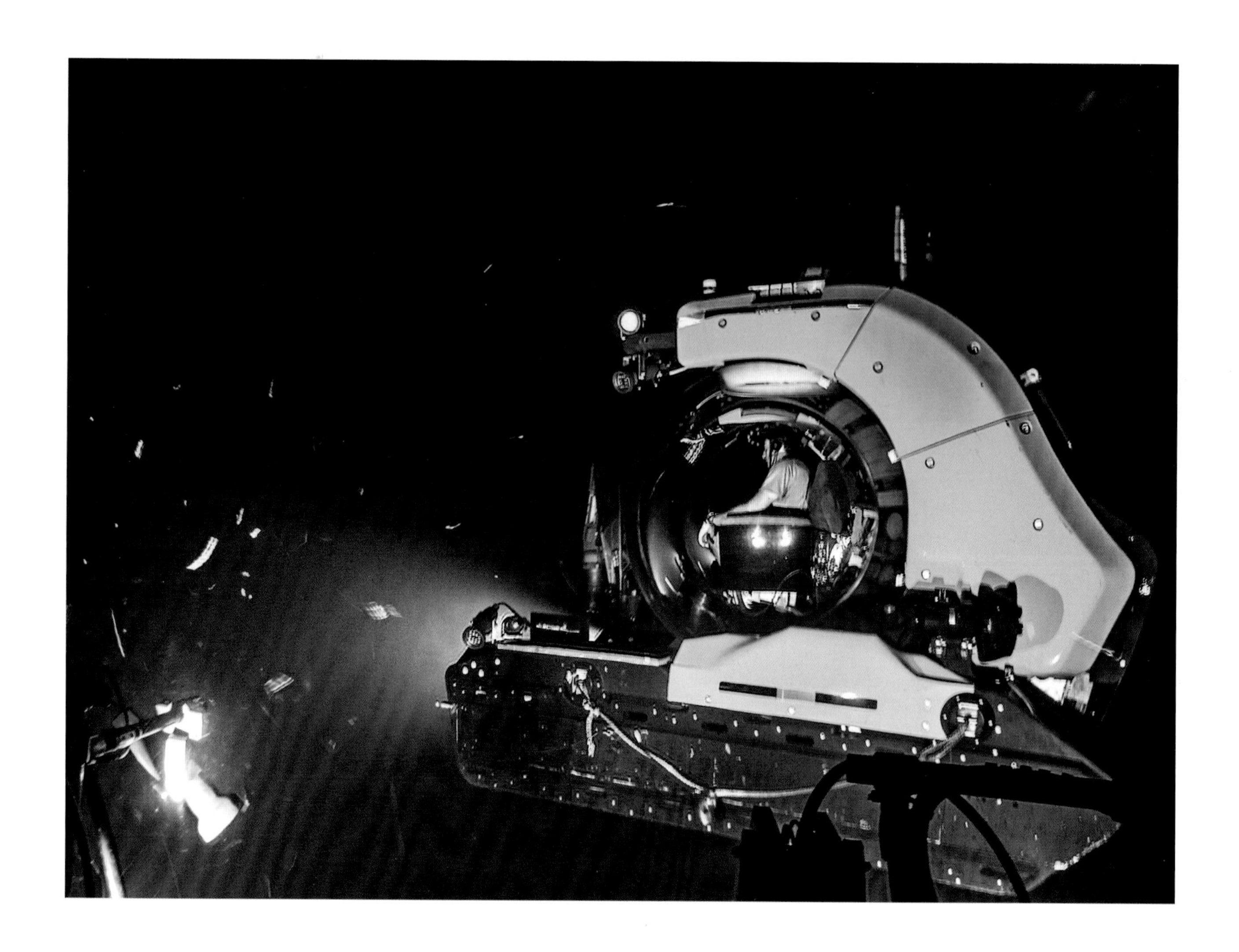

雪人蟹王国（上图） 潜水器正接近冷泉，在大约 1 000 米的深处发现了雪人蟹。

“花了一个多小时才到达海底，这是一片毫无特色的泥滩，所以在漆黑中发现小群的雪人蟹真的很难。在空荡荡的海底泥滩上行进了一段时间后，发现一个令人印象深刻的景象。我看到一个巨大的岩石水合物山丘，上面布满了灿烂的白雪人蟹。它们来回挥舞着毛茸茸的手臂，动作几乎是同步的。你可以明白为什么它们的昵称是跳舞的螃蟹。

“在海底 1 000 米的地方工作很奇怪，也有点儿让人不安，但你很快就会专注于拍摄，一切就像往常一样。我们看到螃蟹是如何争夺放牧细菌的最佳位置，然后它们会安定下来，挥舞手臂。

“我们观察到的一件不寻常的事情：深海虾慢慢靠近螃蟹，从螃蟹毛茸茸的手臂上偷吃食物。我们确实为螃蟹感到难过，它们耐心地培育庄稼，结果却被虾偷了。”

飞行员的视角（上图） 从潜水器的亚克力圆顶上俯瞰冷泉区域。

如果要说深海是怎样给我们惊喜的，雪人蟹是一个很好的例子。深海生物学家似乎每到海底走一走，都会偶然发现一些新奇的东西。俄勒冈州西部的水合物山脊上的一个冷泉场也不例外。这片冷泉被称为“爱因斯坦的洞穴”，是一个充满活力的甲烷喷发地，同时还有大量白色的细菌垫，但这里有一些好奇的邻居。科学家们将这附近的地方称为“海神的苗圃”。“海神”是与普通海螺相近的一种腹足类软体动物。苗圃是一种散落的黄色圆柱体，每个圆柱体都在一个圆形的鹅卵石上。从潜水器里看来，这里就像一个有摩天大楼的沙漠城市。柱身是一沓沓被粘在一起的软体动物的卵，在有些柱顶上能够看见母海蜗牛在孵化它的后代，但是它们需要一年多才能发育和孵出，所以母亲经常在孩子出生前就死去了，它们的空壳很快会被深海蟹寄居。

泥火山

南方水合物山脊是因这里的甲烷并不总处于气态而得名。在海洋底部的低温高压条件下，甲烷可以表现为固态，称为气体水合物，它会在海底形成固体冰。随着时间的推移，甲烷变回气态，引发了泥火山，制片人奥拉·多尔蒂想亲眼见证这种现象。

“我们在墨西哥湾拍摄了几天，当时正指导我们潜水的曼迪·乔伊（Mandy Joye）博士在我耳边悄悄说，有人在另一个地方看到了气泡。我们决定冒险，当我们到达正确的坐标地点时，声呐在600米的地下发现了一股气泡。然而，我们潜下去后，气泡毫无踪迹。我们在海底细细搜索了一个小时，然后发现了一个巨大的气泡，大约有一个篮球大小，上升到水体中，尾迹拖着底部的沉淀物，画面看上去就像宇宙火箭发射时的尾部。紧接着，巨大的甲烷气泡围绕着我们，从一个看似平坦的深海平原爆发出来。我们好像航行到另一个星球。

“我们又回到这个地方两次，但都一无所获。我们第一次来的时候很幸运，曼迪从未见过这个地方如此活跃。深海已经吐露了一个伟大的秘密，但只吐露了一次。”

气体喷发（上图） 在水柱中喷出的甲烷气泡，每一个都留下了像火箭一样的沉淀物。

绝望的盐水池塘

墨西哥湾的同一地区，泥火山（泥火山是泥浆与气体同时喷出地面后堆积而成）揭示了自侏罗纪时代以来埋藏的古老盐矿。盐与水混合，形成非常致密的盐水，比普通海水咸八倍，在低洼处累积起来。它看起来像一个神秘的池塘，像海底的水塘一样平静。它有一条清晰的“海岸线”，将不同密度的水分隔开来，随着时间的推移，生物已经形成了一个“海滩”。

在盐水池边很常见的是冷泉贻贝，它们的食物是由生活在身体中的共生细菌提供的，而这些细菌利用的则是从海底渗出的甲烷。贻贝创造了海岸，深海鳗鱼在这里将贻贝撬开，将贝肉取出来。而螃蟹和蹲龙虾也在这里觅食或丧命。盐水本身就是一个死亡陷阱。有些鱼似乎知道危险，而另一些却犯了错误，如果它们不小心进入池塘，会慢慢地蠕动着死亡。它们的尸体可以在那里浸泡数年。

卤水池（下图） 冷泉贻贝的“海岸线”（左）划分出了高盐分盐水池（右）。一条鱼小心翼翼地躲开池塘捕食贝类动物。

小心翼翼（上图） 潜水器驾驶员小心翼翼地驶进盐水池，只吃进去几厘米深，潜水器就漂浮在池面上了。盐水的密度非常大，所以潜水器可以在它的水面上“停泊”。

“在盐水池岸边，”威尔·雷格恩回忆说，“看着盐水拍打着贻贝，很容易让人忘记身在水下 600 米的地方。这是一个真实的对比：满是贻贝的海岸线上到处都是生命，而有毒的黑池里到处都是死去或垂死的动物。你可以看到鱼和乌贼从致命的盐水中游出来，但只有很少数能够活着出来。

“将迷你摄像机放在机械臂终端，这要求潜水器驾驶员必须具备熟练的技能。摄像机拍到了一些很棒的场景，从一个独特的视角向我们呈现了在海岸周围的贻贝中存在的大量生物。”

科学家称这种池塘为“绝望的按摩浴缸”。盐水池看起来已像是人间地狱，但这里还有更为险恶的地方。

超热喷口

地球板块的四周边缘，是地质活跃的地带。从海底岩石裂缝泄出的并不只是冷水，还有超高温的水，温度超过 400℃。这些水下间歇泉是热液喷口，板块间缝使冰冷的海水渗入到地球炽热的内部，在那里加热到非常高的温度，并积累了大量的矿物质。当过热的海水冲击冰冷的海水时，这些矿物质析出来，形成高达 40 米的巨大烟囱，相当于一栋 12 层建筑的高度。它们喷着黑色或白色的“烟雾”，让人联想起工业革命的烟囱。黑烟的温度最高，排放出含硫化合物，而白烟则较冷，排出钡、钙和硅等物质。这两种烟都是细菌的家园，细菌以它们所释放的化学物质为食，同时又帮助更多奇怪的深海动物群落生活。

每个喷口都有独特的生物组合。巨大的管虫、硕大的贻贝和蛤蚌、蹲龙虾、鳗形鱼类、片脚类动物、鳞片虫、海葵和小海螺，都直接住在喷口的旁边。也有居住在其他地方的生物到此来猎食的，其中有长着像耳朵一样鱼鳍的章鱼——“小飞象章鱼”。

盲虾（下图） 幼虾长有眼睛，生活在暮色带，以来源于光合生物的“海洋雪”为食。后来它们迁移到黑烟喷口，以化学合成生物为食，眼睛功能逐渐退化。

小飞象章鱼（上图） 这些深海章鱼在水下 7 000 米处，是生活在海洋最深处的章鱼。大多数 20~30 厘米长，虽然其中一个种类能长到 1.8 米。它们巡行在深海喷口附近，猎捕这里的“居民”。

在大洋中脊的喷口，有一群特别有趣的虾。这种小的亮橙色的甲壳纲动物没有眼睛，但它的背部似乎有传感器，用来触感从喷口发出的光。这种主要接近红外光的光线，目前尚不完全清楚是什么，但这对虾来说很重要，因为这个小生物有一种奇特的方式来养殖维持它生命的细菌。它的嘴里有一个改良的鳃盖，下面培养着一个细菌种群。为了给细菌种群提供矿物质，虾必须待在位于寒冷的、含氧的海水和热的、富含矿物质的喷口之间的适宜位置。如果太靠近热水，在那里停留的时间过长，就会被煮熟；如果离喷口太远，矿物质不足，细菌也会死亡。

生命起源

这些喷口的自然条件并不寻常，对地球上大多数其他生命形式都是不利的，但它们可能是外星生命出现的地方吗？地质活跃的行星或卫星，比如木星的卫星欧罗巴（Europa）和伽倪墨得斯（Ganymede，它的地表水多于地球，是地球的 10 倍），以及土星的卫星恩克拉多斯（Enceladus），都是生命可以开始的地方吗？木卫二很冷，被冰覆盖，但在冰层下，人们认为存在一个温暖的咸海洋，而且，曾观察到巨大的间歇泉，喷出地面达 160 千米高。木卫二看起来很活跃，在距地面几米处的温度比想象的要温暖。几千米的地下，有可能存在着海洋。那么，冰冻的木卫二地表下会有生命吗？地球上的一个发现可能揭示了生命的起源方式。

在大西洋中部“消失的火山之城”，喷口的温度较低，呈碱性，与酸性的黑烟截然不同。大约有 30 个由碳酸钙（石灰）构成、高达 60 米的烟囱，比比萨斜塔还高。喷出来的水温是相对凉爽的 40~90℃，甲烷和氢气被释放到水中，但没有硫化氢。

喷口附近的生物群落反映了该水域钙物质的存在。在水 – 腹足纲和双壳类软体动物中，包括双壳类、多毛虫、片脚类和卵足类，以及在喷口内生物膜中存在的原始微生物中，都发现了钙物质。它让科学家思考，这样的喷口是否可能就是生命的诞生地？在那里，泄出的化学物质是更复杂的有机分子的起点，化学合成有机体创造了能使生命进化的能量循环。它似乎是地球生命起源的理想家园，甚至可能是宇宙其他地方生命起源的理想家园。

在所有的海洋领域中，对深海的探索正在拓展科学和技术的边界。几乎每次潜水器或潜水摄像机进入深海环境时，都会带回一些新的东西，使得平时聪明的科学家哑口无言。他们发现了成堆的“奇怪的小球体”“羽毛状的细线”和“绿色的绳状物”，还有像果冻一样的生物，它们只能被归类为“动物”，而不是其他的东西。所有这些生物都是完全未知的，不仅是新物种，而且是全新的生命形式。深海真的是最大的惊喜。

失去的城市（右页） 这些尖塔是由新沉积的碳酸钙形成的。随着老去，它变得像混凝土一样坚硬，塔尖接近 60 米高。

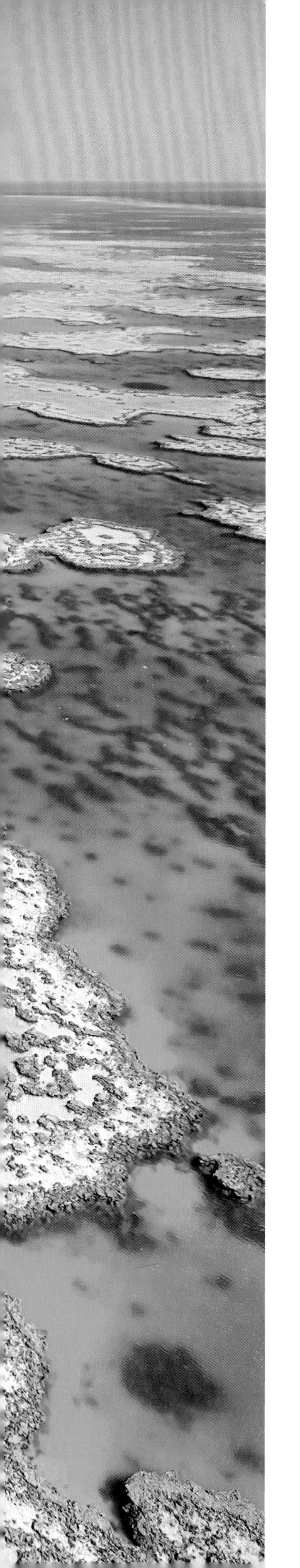

第 7 章

未 来

我们的蓝色星球

在《蓝色星球Ⅱ》的制作过程中，我们的制作团队参观了以前没有人去过的地方，遇到了新的海洋生物，目睹了非凡的生存技巧。但是，除了华丽的图像，神奇、美妙和惊喜，不管去到哪里，制作团队还看到了对我们的海洋不太好的征兆。

过去，我们相信海洋是如此广阔，其中的野生动物如此数不胜数，以至于我们的行动不会带来什么后果，但遗憾的是，现在我们知道这不是真的。海洋的健康与否，甚至威胁着整个地球的安全。海洋的变化速度比历史上任何时候都要快。它们面临的挑战如此之大，许多人认为我们的海洋已经到达了危机点。世界正处在一个十字路口，现在就做点什么，我们可以从悬崖边上退后一步；如果什么也不做，我们就会掉入未知的凶险水域。

珊瑚环礁（左图） 潮汐通道穿过珊瑚礁，灌满塞舌尔群岛的阿尔达布拉环礁中央潟湖，又排空它。阿尔达布拉环礁是第二大珊瑚环礁（基里蒂马蒂环礁是最大的）。

波涛汹涌的大海（前页） 在科尔特斯海（加利福尼亚湾）的波浪下，一小群大眼竹荚鱼在浪花下游泳。

先说好消息，但是好消息吗？

海洋巨人（右页） 一头蓝鲸出现在科尔特斯海面上。

自从国际捕鲸委员会宣布 1985 年—1986 年暂停商业捕鲸活动以来，许多大型鲸鱼的数量一直在缓慢回升。蓝鲸已经回到了它们加利福尼亚的觅食地，大量的灰鲸正在沿着北美洲的太平洋沿岸长途旅行，南非外海已经发现了超级座头鲸群（见第 11 页），斯里兰卡发生了巨大的抹香鲸聚会（见第 222 页），100 头南方露脊鲸定期在澳大利亚南部的海湾之首聚会。这些事情在过去的一百年乃至更久的时间里一直闻所未闻，直到最近才发生。但是，尽管一些鲸鱼种群已经恢复，可它们生活的海洋正在恶化。多美尼加抹香鲸研究项目的沙恩·格罗（见第 184 页），第一次看到了可能的后果是什么。

“从某种意义上说，抹香鲸比其他物种境遇更好。它们不再是捕猎的对象，但在加勒比海地区，抹香鲸种群正处于严重的衰退中。在过去的 10 年里，我研究过的 17 个家族都在萎缩，死亡率很高。鲸鱼栖息地的中心，有一个挤满了居民的小岛，船会撞到抹香鲸，它们会被渔具缠住，岛上的排污水也会影响水体，这是个大问题。1/3 的抹香鲸幼崽存活不满一年。如果这种情况继续下去，我所认识的所有动物家族都将在我退休前消失。这是个悲剧，但这一切是可以避免的，我们现在需要做出改变。

“我们对海洋做过的最糟糕的事情之一就是忽视它们。海面之下，很多东西都发生了变化，尤其是在声音方面。在鲸鱼的世界里，水面下，声音是最重要的，我们一直在向海洋发出巨大的噪音。抹香鲸很难相互交流了。”

这不仅适用于鲸鱼，热带珊瑚礁是一个自然声音嘈杂的地方（见第 102 页），我们才刚刚认识到声音对生活在那里的动物有多么重要。研究他们的是埃克塞特大学的史蒂夫·辛普森（Steve Simpson）。他设计了一款水下装备，有四个定向的水听器被用来记录声音，这使得他能够计算出声音的来源地。

“听周围的声音，我们可以找出谁在制造声音，为什么制造声音？它们是在试图给对方留下深刻的印象，还是为了吓走其他动物？这里有一套水下语言，我们才刚刚开始了解这门功能。”

在他的研究中，最大声的是小丑鱼（见第 110 页）。在一项海底实验中，史蒂夫展示了一种鳃棘鲈的模型，这是一种已知的小丑鱼的捕食者，他还录下了已占据一块领地的雌小丑鱼警告潜在攻击者而发出的嗡嗡声。每当一艘船经过时，这个沟通渠道就被淹没了，鱼听不清了。

“你想想这么多船在附近行驶，有这么多船、海上的钻井，我们在海洋里制造的所有噪音，你会意识到我们将自然的声音淹没了多少。”这是在剥夺动物说话的权利。

水听器（上图） 史蒂夫·辛普森使用了四个水听器。

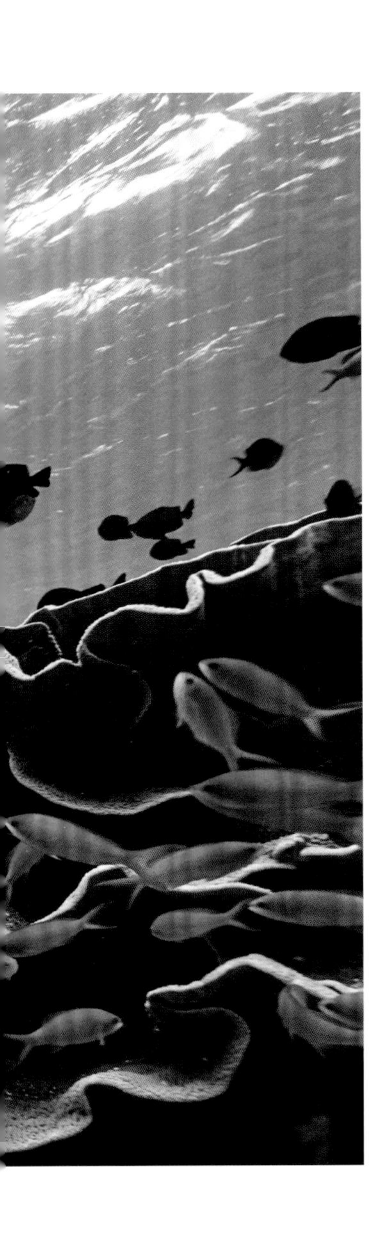

用于海上石油勘探的地震气枪尤其具有破坏性。这种声音可以被很远以外的海洋生物听到，因为声音，尤其是低频声音，在海洋中传播的速度比在空中要快很多倍。巨响被认为是导致鲸鱼和海豚等动物感到压力的原因，也损害了动物的听力，这些动物种类有 55 个物种，鳕鱼、黑线鳕、鲈鱼、红鲷鱼、金枪鱼、鱿鱼、龙虾和褐虾，等等。在这些物种中只有一少部分被研究过，而且已经证实，我们的噪音干扰了它们的生活。

用于探测潜水艇的声呐系统也同样令海洋生物受损，有几起海豚和鲸鱼因噪音伤害而搁浅的事件。然后还有日常的声音。在一个主要的航运通道里，巨大的发动机噪音与你在希思罗机场跑道上听到的震耳欲聋的声音音量相当。圣安德鲁斯大学的研究显示，生活在靠近航道的海豹遭遇了暂时性失聪，而且，随后史蒂夫发现，甚至小船和水上摩托艇都会干扰珊瑚礁幼鱼找到合适的礁石安居（见第 128 页）。

“我们刚刚才意识到，珊瑚鱼的幼虫靠听觉来寻找礁石，然后选择了某个礁石来安家。但随着我们在海洋中增加的噪音，你会怀疑它们是否能听到珊瑚礁的回声。在世界上的某些地方，当你把水听器放入水中时，你所能听到的只是人类的活动。这给动物带来了真正的挑战，比如那些使用声音导航的动物，或者用声音找合适的珊瑚礁，或者那些使用声音来交流的动物。

“海洋中的噪音是一个真正的问题，但我们可以做些什么？我们可以选择何时何地制造噪音。如果我们知道有动物迁移，我们可以改移航道。如果在夜晚，当我们知道珊瑚礁里幼鱼正寻找礁石安家，需要一个安静的环境时，我们将船停下来，就可以直接减少我们制造的噪音。从今天开始我们就可以这么做了。”

一个简单而有效的解决办法是除去最嘈杂的船只。在温哥华港附近进行水下声音监测，这是增加鲸类栖息地和观测计划的一部分。检测结果显示，最嘈杂的 10% 的船产生了 50% 的噪音，其中大部分都是旧的“年久失修的机器”。自那以后，港口管理部门提出了改变现状的倡议，对满足降噪标准的船舶的对接费用给予折扣，达标的船只一次就可以节省 47% 的费用。它是世界上第一个实施这样计划的港口。

眼不见，心不烦

噪音也是一种污染，尽管我们认为更常见的污染是来自工业和农业的有毒化学物质，或者未经处理直接流入大海的污水。这是我们在 20 世纪 60 年代意识到的，我们的注意力都集中在灭害灵（DDT）上，就像雷切尔·卡森（Rachel Carson）在《寂静的春天》（*Silent Spring*）等书中所描述的那样。我们注意到污染物的阴险，在食物链中持续累积的化学物质，最终毒害了食物链顶端的捕食者，包括我们人类。在世界的某些地方，特别是北极地区，危险化学物质的堆积如此之巨，以至于一些受影响的海洋生物，如北极熊和白鲸的栖息之地可以被贴上“危险废弃物”的标签。然而，问题远没有消失，就像化学药品本身一样顽固。

几个世纪前，当我们的先辈把污染物排放到海洋里的时候，不管是有意还是无意，他们似乎有一种天真的想法，认为眼不见心不烦。然而今天，一些有毒物质又回来困扰我们了。例如，从海洋最深处，马里亚纳海沟和克马德克海沟中长大的片足动物体内发现了 20 世纪 70 年代被禁止的化学物质。纽卡斯尔大学的科学家分析了这些片足动物的脂肪组织，发现其中含有有毒的化学物质，如多氯联苯（PCBs）

健康威胁（下图） 一条小宽吻海豚在佛罗里达近海搁浅。在这里，很多年幼的海豚因汞中毒而死亡。

和多溴二苯醚（PBDEs），二者含量高得出人意料。其浓度与日本最受污染的海湾之一——苏鲁加湾的甲壳类动物的浓度差不多。

多氯联苯广泛应用于电绝缘子，而多溴二苯醚被用于降低家具的易燃性。这两种物质一定是以废水的形式进入海洋，或者从垃圾填埋场或工业事故中渗漏出来的。来自加拿大、阿拉斯加、丹麦和挪威的科学家最近的一项研究表明，北极熊，特别是在格陵兰岛和斯瓦尔巴群岛的北极熊，受到了多溴二苯醚的污染，导致雌性北极熊同时发育出雌性和雄性性器官。研究还披露了这些化学物质是如何在食物链中聚集的。其中一种化合物在熊体内的浓度是熊的主要食物海豹的 71 倍。

2016 年，在英国最后的本土虎鲸群中发现了异常高的多氯联苯。这只名叫露露的雌性鲸鱼在苏格兰西海岸的蒂利岛被冲上岸。它体内的多氯联苯水平超过了健康标准的 30 倍以上。在接受 BBC 新闻采访时，苏格兰乡村学院的兽医病理学家安德鲁·布兰鲁（Andrew Brownlow）博士称它是“我们见到的受污染最严重的鲸鱼之一”。检查结果显示，多氯联苯已导致露露不育，而且，由于鲸群里的其他动物肌肉中也可能会有同样水平的化学物质，该族群最终可能会灭绝。

水银是另外一个危险。在佛罗里达群岛沿海水域，一个与佛罗里达国际大学合作的国际研究小组发现，宽吻海豚的肌肉中有异常高的汞含量，是有史以来最高的纪录。这对它们的免疫系统产生影响，使它们更容易生病。红树林是汞污染的来源之一，在那里汞被转化为有毒的形态——甲基汞，甲基汞被潮水冲进沿海水域，被当作食物摄入，又在食物链的每一级聚集。汞污染的真正源头是燃煤电厂排放汞，却在距离燃煤电厂很远的地方被吸收。

垃圾遍布全球

2017 年 1 月，在挪威卑尔根附近的索特拉岛上，一头 6 米长的柯维氏鲸搁浅在这里。它病得很重，在经过几次让它重返大海的失败尝试之后，兽医们被迫对它进行安乐死。当他们尸检时，感到非常震惊。它的胃里装满了大约 30 个大塑料袋，还有一些更小的袋子，里面有面包、巧克力棒的包装袋和其他人类垃圾。据科学家们说，这种动物在很长一段时间内都很痛苦，它的内脏被塑料和其他垃圾堵住了。它可能把袋子误认为是它平时食用的鱿鱼。这是一个可怕的提醒：海洋和所有生活在里面的生命正面临着来自人类的新的威胁：垃圾，尤其是塑料垃圾。

胃里的塑料物（上图） 在一头柯维氏鲸胃中发现的部分塑料袋。

人们常说垃圾是现代社会的祸害。我们“一次性社会”的大部分垃圾都堆在垃圾填埋场，但并不是全部。数百万吨的垃圾最终流入海洋，在海洋的某些地方，比如在韩国海岸外，每平方千米海域有 100 亿件垃圾。这不可避免地对海洋生物造成影响。

在线数据门户网站 LITTERBASE 从 1960 年到 2017 年间的 12 267 篇科学论文中提取了数据，发现共计 1 286 个海洋物种，尤其是海鸟、鱼类、甲壳类和哺乳动物，曾与海洋中的垃圾有过交集。在受影响的生物中，约有 34% 的动物吃过垃圾，31% 生活在垃圾中，或者藏在垃圾下面，30% 被垃圾困住或缠住。他们还发现，海洋中近 70% 的垃圾都是塑料。

受害者（下图） 柯维氏鲸被安乐死了。

世界上所有的海洋都有塑料的踪迹，洋流和海风将塑料带到全球。密度较大的碎片沉入海底，而下沉水流则将较低密度的碎片拉入深渊。漂浮的塑料集中在海洋环流中（见第 210 页），或在封闭的海湾、开放的海湾和海洋中堆积。有些塑料被扔到海滩上，包括那些世界上最偏远的地方。

最偏远的海滩要数无人居住的亨德森岛，这是南太平洋的皮特凯恩群岛的岛屿之一。它距离最近的陆地有 5 000 千米，应该算是地球上少数几个几乎没有人类影响的地方之一。然而，塔斯马尼亚大学的研究人员发现，在海边涌上的垃圾中，有 98.9% 并非棕榈叶和浮木之类的天然物质，而是塑料。在海滩表面，每平方米有高达 672 件塑料，深埋在沙子下面 10 厘米处的塑料高达每平方米 4 497 件。科学家们估计，有 3 770 万件、重约 17.6 吨的塑料被冲上了该岛。

这些塑料制品会被野生动物误食，对它们造成巨大的伤害。塑料袋和大块的塑料堵塞了鲸鱼、海龟和鸟类（如信天翁）的肠子，或杀死小鸟，因为小鸟的父母在给它们喂食塑料。露西・奎因一直在南佐治亚群岛的一个偏远岛屿——鸟岛观察信天翁雏鸟（见第 219 页）。

“我们追踪这些雏鸟，从它们刚开始作为鸟蛋被生下来时起，一直到它们长出羽毛，对于漂泊信天翁，这可能需要一年的时间。”自从 20 世纪 50 年代以来，鸟岛上的鸟类就被戴上脚环，所以我们可以跟随一只鸟的一生。

漂泊信天翁的一生中有大量时间是在海上翱翔，研究它们并不容易。然而，它们喂养雏鸟的食物能够表明它们在远离鸟巢的时间里发生了什么。

“信天翁有能力反刍它们消化不了的食物，我们可以借此知道它们吃了什么。健康的鸟儿的食物应该有鱿鱼等，我们可以在它们咳出来的东西中找到鱿鱼喙和鱼骨头，但从上个季节，鸟儿咳出瓶盖、包装、塑料手套，以及大塑料碎片，甚至一只鸟曾咳出一个完整的灯泡！”

塑料汤

太阳的紫外线通常会分解塑料，波浪进一步将其变成更小的颗粒。在海洋中，92% 的塑料都小于一粒大米的尺寸，这是进入食物链的最低水平。在普利茅斯海洋实验室，科学家们已经拍到浮游动物进食的并非它们平常吃的浮游植物，而是微小的塑料碎片。人们认为，这些微小的动物可以区分不同种类的藻类和不同的浮游植物，但是，如果塑料微粒尺寸也在相似范围，它们会误以为是食物。在有些案例中，塑料在几个小时内被排出了；在其他案例中，塑料还在体内停留了几天，它堵住了这些微生物的消化道，让它们无法正常进食——就像发生在挪威鲸鱼身上的那样，只不过是微观版本。

另一种微型塑料，包括车辆行驶时轮胎上剥落的微粒、洗化纤衣物时冲掉的纤维，大概有 2% 的塑料微粒来源于化妆品。总而言之，微型塑料占据了每年排入大海的 800 万吨塑料中的 1/3。每年被冲上海岸的人造垃圾中，85% 是微型塑料。

比如说，合成皮夹克上的微纤维会以每次洗涤减少 1.7 克的速度流失，或者每次洗涤每克衣物损失 4 500 个纤维，旧夹克损失量是新夹克的两倍。大约 40% 的纤维会经过污水处理厂，随后被排往海洋，它们并不会像天然纤维那样降解。

合成纤维的微小尺寸意味着它们能够被海洋生物吃掉。而且，和很多污染物一样，它们会在食物链中聚集。已经发现食用微型纤维的动物食量在减少，而且，随着时间流逝，它们的成长会停滞。这些纤维还将毒害引入食物链，它们会与废水

垃圾堆（左图） 中途岛国家野生动物保护区。漂泊信天翁身边到处都是垃圾和其他被台风吹上岸的废弃物。

中的有害化学污染品混在一起，比如杀虫剂和那些危险的多氯联苯及阻燃剂，而且为了防水，纤维本身经常被涂上化学物质。毒素随后集中在动物组织中，食用被塑料微纤维污染的海产品对人类来说是危险的，具体损害还不清楚，但我们无法摆脱它：处于食物链顶端的我们捕捉鱼类和贝类，它们吃浮游动物，而浮游动物食用这些纤维。

由加利福尼亚大学戴维斯分校和印度尼西亚哈桑努丁苏丹大学的科学家联合发起针对海鲜的研究发现：在印尼，28% 的鱼受到了塑料微粒而非塑料纤维的污染；而在加州，25% 的鱼受到了塑料纤维的污染。这种差异被认为是由于在印尼洗衣机不那么普遍，而高性能的织物，比如羊毛织物，在那里也不常见造成的。然而，《自然》杂志的报道者们强调的是，这是第一次在供人类食用的鱼类中发现纤维，引发了人们对健康的担忧。

一项关于萨拉索塔海岸宽吻海豚的研究告诉我们可能发生的故事。在这里，初生海豚的死亡率很高，据推测，它们母亲的奶水遭到污染，污染来自塑料微粒和任何附着在塑料上的有毒化学物质，如多氯联苯。塑料微粒来自母海豚食用的鱼，我们也吃同一种鱼类。

最重要的是在夏威夷大岛的卡米罗海滩上，地质学家发现了一种不同寻常的岩石。它的组成有火山岩、海滩沙、贝壳、珊瑚的碎片和塑料。这块石头可能是在塑料被火熔化的时候形成的，比如说，海滩上的烧烤或火山熔岩中，塑料把所有其他的天然材料粘在一起，这被称为“塑料聚合体”。如果这样的新岩石在一段时间之后仍完好无损，被埋在大海的底部，它将在地质纪录中留下一个标记“人类在这里”——第一个人类世的岩石，该名字的地质时代，涵盖了人类在地球上留下的重大影响。

新石头（下图） 夏威夷某处海滩上发现的一块“塑料聚合体”。

水母的崛起

第一个环境问题是海洋上的过度捕捞。如今，全球超过30%的鱼类被认为是在生物不可持续的水平上捕捞的。但就在二战结束后，还没有人对此感到担忧。鱼市已满，捕鱼量还在不断增加。

早期的警钟是大西洋西北部的鳕鱼渔业的崩溃，以及1992年的一项禁令。500年来，位于加拿大东海岸纽芬兰的渔业社区以鳕鱼为主，他们以可持续的方式捕鱼，但在20世纪50年代，新的捕鱼技术造成捕捞过量，并导致了20世纪70年代鳕鱼类股票的部分崩盘。到了20世纪90年代，几乎没有鱼可捕。来自400多个沿海渔场的3.5万名渔民和鱼类加工工人立即失业，尽管渔业并没有完全结束。

随着鳕鱼被从食物链中移除，其他生物数量激增，尤其是雪蟹和北方虾，现在这些无脊椎动物的渔业规模与它所取代的鳕鱼渔业相当。然而，只要捕虾业继续下去，鳕鱼就不可能回归到正常水平，因为大多数幼鱼在长到商业尺寸之前就会被精细的拖网捕捞上来。这个问题是自相矛盾的。

在世界的某些地方，过度捕捞造成了其他甚至更不受欢迎的生态变化，这就是水母大爆发。水母太多了，以至于威胁到现存的鱼类种群。它们争抢食物，吞噬鱼卵和幼鱼，杀死成年鱼类，它们能在鱼类无法生存的低氧环境中生存。它们阻塞了沿海发电站的冷却水道，摧毁了咸水渔场，并导致供游玩的海滩被关闭。

在纳米比亚海岸，过度捕捞鱼类导致水母的生物量远远超过了鱼类。在日本海岸外，怪兽野村水母有两米宽，这种水母密集程度达到了惊人的程度：有一次，一艘大型拖网渔船网获了一群水母，在试图把它们拖上船时，船倾覆了，船员被其他渔船救起。无脊椎动物似乎正处于优势地位，而不仅仅是水母。

章鱼、鱿鱼和墨鱼的数量也增加了。至少，科学家们认为它们在增加。在浩瀚的海洋中，很难得到准确的估计，因为估计依赖于被捕获的头足类动物的数量，捕获物的尺寸并不一定能反映种群的大小。很难获得准确的生物种群存量统计数据，这是导致鳕鱼和鲱鱼过度捕捞的原因之一。然而，在阿德莱德大学，海洋生物学家研究了32项科学调查和不计其数的渔业纪录，包括那些难以获得的数据，汇编了60年的可靠数据，他们可以看到一种趋势：

自20世纪50年代以来，头足类动物数量激增。原因很难确定，但时间跨度比正常的海洋循环更大，因此其中的原因肯定有人类活动的参与。人类猎捕了鱿鱼和章鱼的天敌，或者是它们的食物竞争者，使得食物链中出现空缺，而头足类动物填补了这一空缺。海洋变暖会加速头足类动物的发育，因此种群数增长更快。头足类动物的寿命也很短，它们很容易适应变化。更大数量的头足类也会吃更多的食物，并且开始超越任何存活下来的鱼。

巨型水母（上图） 在日本海岸线外，人们用渔网捕捞一大批巨型水母。

即便如此，科学家们指出，头足类动物并没有接管世界，其他各种因素也会发挥作用，限制它们的数量。首先，较短的生命周期意味着个体的繁殖机会有限。另一方面，人类也在捕捞鱿鱼和章鱼，而大多数头足类动物都有同类相食的亲戚。竞争总会存在，不是以这种形式存在，就会以另一种形式存在。正如一位海洋生物学家所指出的，“不知道是我们先吃它们，还是它们先开始互相残杀。”

政策高速路

鲨鱼和它们的近亲鱼类一样，都是过度捕捞的受害者。科学家估计，因为鱼翅需求，每年有多达1亿条鲨鱼被捕获。有些鲨鱼被活生生地切掉鳍后，扔回海里，在那里，每条鲨鱼都会慢慢死去，而且过程可能会非常痛苦。但停止鱼翅贸易和保护鲨鱼并不一定是答案。忽略生态系统中的其他物种是不可取的（见第121页），当务之急是保护它们能够到达它们想去的地方。毕竟,有几种鲨鱼是长途旅行者，它们在一些国家的领域上受到保护，但在远洋，一切都可能发生。

鲨鱼生物学家乔纳森·格林（Jonathan Green）在过去的20年里一直在研究鲸鲨，但他对自己的未来并不乐观。“如果一般的捕捞和猎取鲨鱼鳍的捕捞量继续保持现在的水平,那么在50~100年的时间里，任何鲨鱼物种都不会在地球上存活。”

这是乔纳森在加拉帕戈斯群岛的研究，在第五章有具体细节，但是，他首先承认，尽管有努力工作，但我们仍然对鲸鲨知之甚少，尤其是鲨鱼的数量。

“我们完全不了解世界范围内的鲨鱼种群数。我们知道鲨鱼正在被大规模捕捞，每年可能是数千或数万条。如果这是真的，我们不知道它们能承受多久这种捕捞压力。”

保护它们是不容易的。鲸鲨是全球航行者，它们可能从一个海洋旅行到另一个海洋。印度洋、大西洋和太平洋的鲸群之间有联系，但考虑到海洋的巨大规模，我们不能简单地说将保护整个海洋。我们必须选择特定的区域——海岸公园，海洋保护区，更重要的是海洋走廊。

把这些保护区和海洋走廊连接起来是帮助像鲸鲨这样的移民的一种方式，但首先科学家需要找到这些热点。在经过多年的卫星标记和跟踪之后，乔纳森相信自己已经找到了一个对鲸鲨来说很重要的地方。

“我们有超过几个月的数据，在这段时间里，它们游过了数千英里的大洋为了

回家的灯塔（上图） 加拉帕戈斯群岛上的达尔文拱门是很多种类的鲨鱼所热衷的目的地。

到达太平洋上的一个小坐标——这是加拉帕戈斯群岛的达尔文拱门。”

每一个季节，都有超过 1 000 头鲸鲨穿越达尔文拱门，这可能是一个保守的数字。我们认为这是可信的：它们绕半个地球，就是为了到达太平洋上的这一块小小的岩石。我们搜集的所有的迹象和数据都表明，在像加拉帕戈斯这样的地方，以及鲸类喜欢去的热点地带间的重要走廊，设立保护区是至关重要的。

有些动物喜暖，但大多数不爱

在现代社会，二氧化碳对我们的生活以及地球上的每种生物的生命都产生了深远的影响，如果我们不能与它达成协议，那么保护热点和走廊将是徒劳的。我们和它有一种不那么舒服的关系。

一方面，对于所有的光合作用生物体来说，二氧化碳是必不可少的，不管是草、巨大的红杉，还是部分浮游植物。而且，由于这些生命形式处于各自食物链的底端，地球上几乎所有其他生物都依赖于它们。另一方面，过犹不及，当今世界面临的最大问题之一就是我们排放的二氧化碳太多了。

每年约有 364 亿吨二氧化碳被释放到大气中，这一速度在地球过去数百万年的时间内是前所未有的，主要是由于我们对化石燃料——煤、石油和天然气的依赖，它们是由有机物的分解形成的，比如古代植物和动物的遗骸。当化石燃料在汽车、工

水，水……（上图） 斯瓦尔巴群岛附近的冰山和浮冰正在疯狂融化，即便在二月也不会停止，其中部分原因是温暖的大西洋水流的涌入，但现在，原因更多是全球性变暖。

冰上难民（左图） 夏天，在加拿大巴芬岛的一座大型冰山上，北极熊妈妈和它的幼崽们站在一大块浮冰上。

厂、发电厂的内燃机中燃烧时，会释放出二氧化碳，这是一种“温室气体”。温室气体在大气中吸收热量，结果并不难理解：大气温度升高。

根据世界气象组织（来自 80 个国家气象局）的数据表明，2016 年是有史以来最热的一年。在相同的十二个月区间内，大气中二氧化碳浓度上升到一个新的高度，温暖潮湿的空气流入北冰洋，导致大气环流模式发生转变。北极的冬天海冰纪录创新低，全球海平面上升到创纪录的水平，全球海洋变暖幅度也是史上最高。这些“极端和不寻常”的趋势延续到了 2017 年。

这并不是一次性的系列事件。世界气象组织还揭示了自 2011 年以来最热的 5 年，并指出气温升高与人类活动密切相关，尤其是化石燃料的燃烧。曾领导世界气象组织气候研究的项目主管称：“我们现在正处于一个真正未知的领域。”

幽灵堡礁

当亚历山大·瓦尔（Alexander Vail）在澳大利亚大堡礁北部库克镇东北 90 千米处的蜥蜴岛水下，顺利地完成了对鳃棘鲈和章鱼的研究工作后，愉快的心情被随之而来的令人不安的事件冲淡了。潜水后，亚历山大发现水温比平时高了几摄氏度，但初春不应该有温暖的海水。

亚历山大解释说："这里正发生着让人不安的事，水温比正常温度要高得多，这意味着生活在珊瑚里的藻类开始产生有毒的化学物质。珊瑚再也不能忍受海藻了，所以必须驱逐它们。而这些藻类通过光合作用为珊瑚提供食物，珊瑚的颜色就是来源于这些藻类。当这些藻类退去，珊瑚开始白化，甚至全白，珊瑚也失去了主要食物来源。全白的珊瑚能存活几周，它不会死，但如果这样的水温持续太久，珊瑚就会饿死。"

这不是普通的事件，它与厄尔尼诺现象有关。厄尔尼诺是太平洋上气候循环的一个变暖阶段，对全球的天气系统都有影响。在一些地区，由于气候变暖，2015 年和 2016 年的空气和海洋温度都达到了创纪录的水平。

这次白化是大堡礁历史上最严重的一次。在蜥蜴岛上，大约 90% 的珊瑚树已经死亡。这绝对是可怕的，这对珊瑚礁是一个巨大的打击。珊瑚礁为成千上万种不同的物种提供了保护，没有了生活在珊瑚中的鱼作为食物，石斑鱼和章鱼也将死去。

"看到从小潜水的地方变成荒芜，复杂的心情难以描述。真是太糟糕了，真可怕！当我看到白化造成的破坏时，我在潜水面罩里忍不住哭了出来。这太糟糕了。"海洋生物学家亚历山大·瓦尔说。

这次灾难性的事件后，大堡礁在 2017 年初的一项调查显示，珊瑚礁再次遭受大范围的白化，这是连续第二年因海水温度升高而导致的白化，也是首次发现珊瑚礁在不到 1 年的时间内发生两次大范围的白化。其他很多热带地区珊瑚礁也发生了同样的事件，一篇由迈阿密大学的海洋学家与国际研究组织合作发表在《科学》杂志上的文章称，世界上 99% 的热带珊瑚礁在 21 世纪将发生严重白化。

确实如此，珊瑚礁的前景暗淡，尤其是大堡礁。对它们来说，气候变化不是未来的威胁，它就发生在当下。然而，水温上升只是其中的部分故事。

白化（右图） 大堡礁的蜥蜴岛，珊瑚正在白化。

酸海

二氧化碳正在改变海洋的化学性质。人类活动排放到大气中的 1/3 二氧化碳直接被海洋吸收，与海水发生反应，形成一种弱酸。在工业化时代之前，河水中溶解的化学物质被裹挟冲入海里，还可以中和海洋中这种酸性，但现在我们制造了如此多的二氧化碳，河水的中和力度无法跟上。这意味着随着大气中二氧化碳的增加，海洋的酸度也会增加。首先，二氧化碳溶解在海洋表层，然后渐渐混合，进入深海。

从数据看来，变化似乎不大。在工业革命之前，海洋的 pH 值为 8.2，呈弱碱性。现在大约是 8.1，虽然数据看上去差异不大，但它实际上反映了仅在几百年内海洋的酸度增加了 25%。到 21 世纪末的预测表明，pH 值可能会进一步下降 0.5。类似的自然变化可能需要数万年的时间，海洋生物有着足够的适应时间。在迈阿密大学，克里斯・兰登（Chris Langdon）教授一直在研究这种令人担忧的趋势。

“软体动物的壳是由碳酸钙组成的，酸会溶解它们，当壳溶解时，软体动物会收缩并开始消失。珊瑚也是一样。整个珊瑚礁的骨架都是由碳酸钙构成的，珊瑚礁溶解了，生活在其间的所有生物也会开始消失。”

这是兰登教授和他的同事们预计在很遥远的未来才能看到的现象，但不幸的是在眼下就成为现实。

“佛罗里达珊瑚礁的北部，有部分珊瑚开始溶解，这让我们感到非常意外，因为我们认为这种情况要到本世纪末才会发生。”

为了了解在遥远的将来会发生什么，芝加哥大学的研究人员一直在华盛顿州海岸研究贻贝壳，这里的水很不寻常。由于全球变暖，海岸的风力增强了，上升流将更多的深水和营养物质带到洋面。深海水域，像个“死胡同”，空气流动也较差，二氧化碳逐渐积聚，所以比海洋其他地方的酸度更高。上升流将深海水带上来，导致沿海水域的酸性也增强。研究表明，pH 值的下降对贻贝壳产生了巨大的影

酸化袭击（上图） 迈阿密大学的照片表明，酸性逐渐升高的海水是如何溶解佛罗里达群岛凯利斯福特礁的碳酸钙质地的生物的。

响，而且这种影响是可以测量的。收藏在博物馆里大约 1 000 年前由美国原住民收集的贝壳，它们比现代的贝壳厚大约 28%。

兰登教授指出："海洋酸化对任何有壳的动物来说都是灾难性的。贝类开始死亡，会对以它们为食的动物产生巨大的影响——鱼类、海豹和我们人类。"

一般来说，生命对酸碱性的微小变化都是敏感的，例如，人类血液的 pH 值为 7.35~7.45，只要 0.2~0.3 的下降便会使人陷入昏迷，甚至死亡。在海洋中，这样的变化将会使海洋生物无法呼吸、繁殖或生长。上一次这样大规模的事件发生在大约 5 500 万年前，当时海洋里的许多动物都灭绝了。早在约 2.5 亿年前，强烈的火山活动导致了严重的海洋酸化，当时 90% 的海洋物种都灭绝了，即所谓的"大灭绝"。今天，史前的事件可能会重演，而这次的凶手是谁显而易见。

兰登教授说："有绝对的证据表明，造成这种情况的二氧化碳是人为制造的。化石燃料造成的二氧化碳与源于自然界的二氧化碳有着不同的化学特征。我们可以看到海洋和大气中日益增多的二氧化碳不是来自自然界，而是来自化石燃料。这是一幅黯淡的图景，但也不是完全没有希望。"

我们可以让这样的未来不会到来，而我们所要做的就是减少二氧化碳的排放。我们可以改用可再生能源——风能和太阳能，而不是化石燃料。这场灾难是可以避免的。

然而，酸化并不是二氧化碳水平升高所造成的唯一灾难。

海平面上升的危险

紧紧逼迫的水泥（左图） 中国深圳市占据着海滨的右边，商业鱼塘和虾塘则在海滨的左侧。它们都非常靠近国际上重要的香港米埔湿地。

世界上大约40%的人口生活在距离海岸100千米的范围内，而且还有更多的人向那里迁移。据哥伦比亚大学气候系统研究中心估计，到2025年，距离海岸线安全距离35%的居民将进入危险区域，这将增加海岸线的负担，27.5亿人的家庭和工作将暴露在洪水和风暴的伤害中。可怕的事情在于，过去的3 000年里，海平面上升的速度比任何时候都要快。其中一个热点是西太平洋，靠近关岛和弹涂鱼栖息地的海域，仅仅在过去的20年里，海平面上升了15厘米，这一速度在未来几十年里也可能会出现在世界其他地区。

利物浦国家海洋中心的一项研究表明：到2040年或2050年，全球温度可能会比工业化前的温度增加2℃以上（截至2016年，全球已经增加了1.1℃），海平面平均上升20厘米。而自1880年以来，海平面已经上升了20厘米。然而，90%沿海地区海平面上升幅度将超过平均值，比如北美大西洋沿岸，会达到40厘米。

如果全球持续变暖，全球气温将上升5℃，到2100年，平均海平面会上升1米或者2米，但世界各地情况会有所不同。一些地区——包括纽约、迈阿密和小岛屿国家等——海平面将上升1~1.8米，这个数据将不断上升。

沿海地区面积在缩小，一方面是海平面上升，另一方面则是为了保护低洼地区而建造更多的海防。结果，海岸变得更加坚硬，被抬得更高，海岸的变化速度比海洋的任何其他地方都要快，对野生动物栖息地造成的损害也尤为严重。

沿海栖息地被严重低估。多半情况下，它们只是被用于人类开垦和开发的，而不是自然保护区。例如，在过去的20年里，中国失去了70%的沿海生态资源，比如滩涂，这些地方被用来建设和发展水产养殖，导致海洋生物数量减少，水质变差，而为候鸟提供食物的保护区等地也在缩小。

如果这些都还不够的话，还有个消息，那就是这些变化不能像关上电灯一样立刻终止。根据麻省理工学院和加拿大西蒙弗雷泽大学的一项研究表明，即使我们明天就停止排放二氧化碳，其影响也不会立即消失。事实上，二氧化碳将在逆转之前继续累积一段时间。研究显示，二氧化碳等温室气体通过热膨胀导致海平面上升，这种效应的时间要比二氧化碳停留在大气层中的时间长很多。这意味着，即使我们能够遏制化石燃料的燃烧，人类产生的二氧化碳排放对海平面上升的影响也会持续几个世纪。一些数据预测，在未来的几百年里，几乎可以确定，海平面会上涨3米。

最后的好消息……

令人沮丧的是，我们的海洋很多地方正在迅速恶化，但这样的结果是可以改变的。它需要一些意志坚强的人带来改变，有时小事情也会产生很大的影响。

在 19 世纪晚期和 20 世纪初，美国太平洋海岸的蒙特雷湾是一个灾区。猎人们消灭了大部分的海獭和来访的灰鲸。随着海獭的离去，鲍鱼茁壮成长，随之而来的是一个迅速发展的贝类产业。但在不到 15 年的时间内，由于过度捕捞，这个产业突然消失了。接着是沙丁鱼，但沙丁鱼罐头产业制造了很多的垃圾，把这片海湾变成了工业的排污坑。约翰·斯坦贝克（John Steinbeck）在 1945 年出版《罐头厂街》（*Cannery Row*）时，由于过度捕捞和洋流的变化，沙丁鱼渔场也在崩溃，海湾发展日益窘迫。然而今天，这里又恢复到一个纯净的海洋环境，有海藻森林、鱼类、海鸟、海獭、海湾海豹、海豚、海滩上繁殖的象海豹、虎鲸，以及迁徙的灰鲸和座头鲸。这样的转变部分归功于一个非常坚定的女士，她在 1899 年搬到了这个地区。

茱莉亚·普拉特（Julia Platt）在德国弗莱堡大学获得了海洋动物学博士学（当时美国大学不允许女性攻读这样的学位）。即便如此，她在美国也无法追求自己的职业生涯，最终她投身于地方政务。在《蒙特雷湾的死与生》一书中作者写到，人们对海湾的处理方式让普拉特感到难过，74 岁的时候，她曾在帕西菲克格罗夫竞选市长，并获得了胜利。她说服州长通过一项法律，使帕西菲克格罗夫能够管理自己的海滨和邻近的蒙特雷湾地区。这是第一个，也是最后一个获得此项权力的加州城市。在这条法律支持下，普拉特能够创建两个海洋保护区。几乎是独自一人，她开始把这段海岸拉回到恢复重建的道路上，改变了人们对海湾的态度和使用方式。随着沙丁鱼工业的崩溃，罐头工厂的关闭，以及 1962 年关键的物种（见第 149 页）海獭的回归，在普拉特的海洋保护区中被保护的海洋生物被重新放回海湾。普拉特并没有亲眼看到她的劳动成果：她死于 1935 年，没有等到海湾真正复活的那一天。

在 1984 年，海湾地区又一次获得了提升，惠普公司的联合创始人戴维·帕卡德（David Packard）提供资金支持，修建蒙特雷湾水族馆，以纪念爱德华·里基茨（Edward Ricketts）——斯坦贝克的《罐头厂街》中的医生。蒙特雷湾现在代表的是研究、保护和沉思，而不是过度捕捞、破坏和忽视。

海豹兄弟（右页） 两只加利福尼亚海豹在蒙特雷湾中休息。

补给站（上图） 灰鲸又一次拜访了蒙特雷湾，在巨藻旁吞食糠虾，随后继续从下加利福尼亚前往北冰洋的旅行。

斯坦贝克还在《科尔特斯海的原木》（*The Log from the Sea of Cortez*）一书中提到，在下加利福尼亚半岛南端的普尔莫角国家公园有古老的珊瑚礁。20 世纪 50 年代这里充满了生机，但到了 20 世纪 90 年代初，就像蒙特雷湾一样，由于过度捕捞而变得日益贫瘠。这一次，是当地的卡斯特罗家族决定捍卫这片海洋。三代渔民共同做出了停止捕鱼的重大决定，并说服当地渔民们效仿。然后，他们游说政府来保护珊瑚礁。

1995 年，普尔莫角国家公园成立，公园的整个区域成为禁渔区。到 2009 年，很多种类的鱼已经回来了，其中有鲨鱼、蝠鲼和濒危的海湾石斑鱼。转变并非一蹴而就，在 14 年的保护之后，湾区的生物量增加了 463%，一个令人惊喜的数字。这里的鱼储量比临近的捕鱼点高 6 倍。在世界范围内，这也是能观察到的最大增长，这都要感谢当地社区居民的意志转变。他们也获得了回报，更多游客的到来增加了收入，珊瑚礁附近的捕鱼点也有了更多的鱼，结果是双赢的。

金色鳐鱼（上图） 一群太平洋鳐鱼，又称金色牛鼻鲼，在迁徙的过程途经普尔莫角国家公园。这些鳐鱼的“翼展”大约有70厘米，它们成群结队，沿着礁岸边缘行进。

脆弱的保护（下页） 落日的余辉洒在印度洋留尼旺岛的珊瑚礁上。珊瑚礁可以保护西海岸免受暴风雨的侵蚀。最近在此成立了国家海洋公园，目的是为了在保持珊瑚礁的生态健康和日益增长的旅游需求之间取得一种平衡。

这两个故事告诉我们，大海有自我修复系统，只要我们付出努力，它就能变好。减少捕鱼的压力，打造无污染的区域，我们的海洋系统将会自己重新修复，从而更好地保护全球生态。

我们在这条海洋之旅上已经走了很长的路，跨越了远洋，探索了海岸和珊瑚礁，在水下森林的草原中游走，潜入深海底部。在这一路中，大卫·爱登堡爵士已经亲眼见证了海洋的神奇，为海洋的博大而感到谦卑，为它的多样性感到激动，为海洋生物的智慧赞叹不已，但是他也为海洋的未来深感忧虑：

“在我的一生中，大海发生了巨大的变化。我们曾经熟视无睹的鱼消失了，整个生态系统处在崩溃的边缘。在人类的历史上，我们正处于一个独特的阶段。之前，我们从未觉察到自己正在对这个星球的所作所为，也没有去改变这一切的动力。毫无疑问，我们有责任去呵护我们的蓝色星球。人类的未来，地球上所有生命的未来，现在都取决于我们人类自己。”

致谢

首先，我要向迈克尔·布赖特表达诚挚谢意，他为《蓝色星球 II》的成书提供了大量帮助。

正是通过无数科学家、海洋生物学家、海洋学家、海底探险家和海洋研究人员所付出的不懈努力，书中记录的精彩故事才能展现给大家。我们衷心感谢所有从事科学研究的人，假如没有新科学，现在也不会看到这些故事了。

其次，感谢与我们共同探索动物行为新领域的科学家，并祝愿他们的论文顺利发表。在此，也向剧集顾问卡勒姆·罗伯茨博士、艾利克斯·罗格斯教授和史蒂夫·辛普森博士致以特殊的谢意。

在制作初期，很多大学、海洋研究机构以及海洋实验室为我们提供了热情的帮助，尤其要感谢美国的海洋生物学实验室、伍兹霍尔海洋研究所、斯克里普斯海洋研究所、施密特海洋研究所，以及英国国家海洋研究中心。

所有海上作业都有潜在的危险，我们要感谢每一个人：潜水员、潜水监督员、潜水安全员，还有船长和船员们，它们为摄制组提供了有力的安全保障。

探索深海对后勤工作也是巨大的挑战，感谢达里奥海洋计划公司和阿卢西亚制作公司为我们提供的巨大帮助，特别是“阿鲁西亚号”上的全体船员和两艘分别名为“纳迪亚”“深海漫游者”的潜水艇。多亏他们的帮助，我们才得以接近太平洋、大西洋和南半球的各处深海。瑞比克夫－尼格勒基金会也为我们在亚速尔群岛附近的深海研究提供了协助。

感谢各位摄影师、摄影机操作员、无人机操控师、剧照摄影师，以及捕捉到这些精彩影像的技术人员和剪辑助理们。

在最后，还要向我们《蓝色星球 II》的整个制作团队表达感谢，你们在这份有挑战性的工作上付出了五年的辛劳，创造出了这幅崭新的海洋画卷。

——马克·布朗罗与詹姆斯·霍尼伯内

SCIENTIFIC ADVISORS
科学顾问

Adrian Flynn
Alan Jamieson
Alex Rogers
Alex Schnell
Alison Kock
Andrew Thurber
Angela Ward
Angela Ziltener
Asha de Vos
Audun Rikardsen
Benoit Pirenne
Bernd Wursig
Bob ‘Coop’ Cooper
Brendan Godley
Bruce Robison
Callum Roberts
Carlie Wiener
Cathy Lucas
Ceri Lewis
Chandra Salgado
Kent
Charles Fisher
Charlie Maule
Cherisse Du Preez
Chris Langdon
Craig Foster
Craig Smith
Cynthia Klepadlo
Daniel Fornari
Daphne Cuvelier
David Cade
David Green
David Johns
David Lusseau
Deborah Kelley
Deborah Thiele
Don R. Levitan
Douglas Syme
Edith Widder
Emily Duncan
Erik Ivins
Etienne Rastoin
Eve Jourdain
Fabio De Leo
Franklin Ariaga
Guy Stevens
Huw Griffi ths
Ivan Rodriguez
Jake Levenson
Jakob Scwendner
James Gardner
James Kerry
Jamie Craggs
Jamie Walker
Jason Fowler
Jeffrey Drazen
Jim Darling
Jochen Zaeschmar
John McCosker
Jon Copley
Jonathan Green
Jorge Fontes
Jose Lachat
Josh Stewart
Julian Finn
Kate Moran
Katrin Linse
Kerry Howell

Kim Fulton-Bennett
Kim Juniper
Kit Kovacs
Kyra Schlining
Larry Crowder
Lars Kleivane
Laurenz Thomsen
Leif Nottestad
Leopoldo Moro
Leslie Elliott
Leslie Hart
Lloyd Peck
Louise Allcock
Lucy Quinn
Luke Rendell
Malcolm McCulloch
Maria Baker
Maria Dias
Mark Belchier
Mark Eakin
Mark Erdmann
Mark Norman
Meghan Jones
Michael H Graham
Michael Rasheed
Mike Meredith
Ove Hoegh-Guldberg
Paul Sikkel
Pelayo Salinas de Leon
Phil Trathan
Randall Wells
Rich Palmer
Richard Phillips
Robert Carney
Rogelio Herra
Roger Hanlon
Roldan Munoz
Roldan Valverde
Roy L. Caldwell
Sam Burrell
Samantha Joye
Sarah Mckay-Strobel
Sergio Pucci
Shane Gero
Simon Pierce
Stephanie Bush
Steve Haddock
Steve Katz
Steve Simpson
Stuart Banks
Terry Ord
Thomas Jefferson
Tim Tinker
Timothy Shank
Tiu Similia
Tom Kwasnitschka
Tone Kristin Reiertsen
Tracey Sutton
Verena Tunnicliffe
Victor Zykov
Vidal Martin
Volker Ratmeyer
William Chadwick
William Gilly
Yannis Papastamatiou
Yvonne Sadovy

CAMERA TEAM
摄制团队

Alex Vail
Alfredo Barroso
Andrea Casini
Andy Brandy
Casagrande IV
Barrie Britton
Blair Monk
Charlie Stoddart
Chris Bryans
Chris Sammut
Cinemacopter
Craig Foster
Dan Paris
Daniel Zatz
David Reichert
Didier Noirot
Espen Rekdal
Gail Jenkinson
Helipov
Hugh Miller
Ivan Agerton
Jack Johnston
Janssen Powers
Jason Sturgis
João Paulo Krajewski
Joe Platko
John Aitchison
John Shier
Johnny Rogers
Jonathan Clay
Kevin Flay
Kieran Donnelly
Mark Macewan
Mark Payne-Gill
Mark Sharman
Mark Van Coller
Mateo Willis
Matt Norman
Morne Hardenberg
Nick Guy
Nuno Sa
Pascal Lorent
Patrick Dykstra
Paul Williams
Peter Nearhos
Rafa Hererro
Rene Heuzey
Richard Karoliussen
Richard Kirby
Richard Robinson
Richard Stevenson
Richard Wollocombe
Rick Rosenthal
Rob Franklin
Rob Whitworth
Rod Clarke
Roger Horrocks
Roger Munns
Shayne Thomson
Steve Hathaway
Ted Giffords
Tim Shepherd
Toby Strong
Tom Fitz
Trent Ellis
Yasushi Okumura

With special thanks
特别鸣谢

Adrian Skerrett
Advanced Imaging and Visualization Laboratory
Akihito Yamada
Alex Tattersall
Alexia Graba Landry
American Museum of Natural History
Andrew Downey
Annie Murray
Arctic Rays
Ari Friedlaender
Athena Dinar
Audun Rikardsen
Aurelie Duhec
Australian Institute of Marine Science
Australian Museum's Lizard Island Research Station
Bamfield Marine Sciences Centre
Benj Youngson
Bill and Annie Weeks
Bob Cranston
Bob Lamerson
Bob Talbot
Bonnie Waycott
Brett Illingworth
British Antarctic Survey
Bryan Kilback
Buddhika Dhayarathne
California Academy of Sciences
Callum Brown
Casey Dunn Laboratory
Ceri MacLure
Chad Tamis
Chase Weir
Chris Jones
Civil Aviation Authority of Sri Lanka
Customised Animal Tracking Solutions
Dan Laffoley
Daniel Copeland
Dave Blackham
David Booth
David Graham
David Sullivan
Dean Martin
Deirdre O'Driscoll
Discover Dominica Authority
DOER
Dolphin Watch Alliance
Dominica Film Office
Doug Allan
Ecosystem Impacts of Oil and Gas Inputs to the Gulf
Ed McNichol
Einar Eliassen
Elizabeth White
Environs Kimberley
Errol and Marcella Harris
Etienne Rastoin
Exposure Labs
Fabrice Jaine
Fernando Luchsinger
Frank Wirth
Franklin Arreaga
Kirsten and Joachim Jakobsen
Fundacion Charles Darwin
Galapagos National Parks
Garrett Mcnamara
Geoff Lloyd
Gerald Nicholas
Gerhard Lauscher
Godfrey Merlen
Gordon Leicester
Government of South Georgia & the South Sandwich Islands
Grace Frank
Grande Riviere Anglican Primary School
Great Barrier Reef Marine Park Authority Gregory Bogdan
Howard Hall
Huu-Ay-Aht First Nations
Iwan Muhani
Jaap Barendrecht
James Cameron
James Leyland
Japan Underwater Films
Jason Isley
Jason Ribbink
Jason Roberts Productions
Jemal Guerrero
Jennifer Hile
Jennifer Lee
Jim Standing, Fourth Element
John and Jenny Edmondson
John Ellerbrock, Gates
John Pennekamp State Park
John Rumney
Jonathan Watts
Jorge Leal
José Masaquisa
Josiane Dalcourt
Julian Gutt
Julian Pepperall
Jung-Goo Myoung
Justin Marshall
Kelvin Murray
Kim Juniper
Koji Nakamura
Lawson Barnes
Leah Sokolowsky
Leif Nøttestad
Leigh Marsh
Len Peters
Leon Deschamps
Leslie Elliott
Liisa Juuti
Lily Kozmian-Ledward
Lisa Kelly
Louisiana State University
Luke English
Lyle Berzins
M/V Alucia Submersible Team
M/V Umbra Captain and Crew

Marine Biological Association
Marine Institute
Marissa Fox, Executive Director of Oceans Forward
Mark Belchier
Mark Dalio
Marten Bril
Martin How
Mary Summerill
Masahiko Sakata
Mauricio Handler
Maya Santangelo
Michael Stadermann
Michelle Hart
Mike DeRoos
Mike Kasic
Mike McDowell
Mike Meredith
Ministry of Agriculture and Fisheries,
Fisheries Division Dominica
Ministry of Agriculture and Forestry, Wildlife & Parks Division, Dominica
Ministry of Defense of Sri Lanka
Mohan Sandhu
Monterey Bay Aquarium Research Institute
Nancy Black
National Oceanic and Atmospheric Administration
National Oceanography Centre
Natural History Museum
Nature Trails
Neil Brock
Newcastle University
Nicholas Pedrocci
Nick Pitt, Farm Studio
Nico Ghersinich
Nicolas Pilcher
Nils Arne Saebo
Niv Froman, Manta Trust
Norwegian Orca Survey
Nova Southeastern University
NRK
Ocean Exploration Trust
Ocean Networks
Canada
Ocean Research and Conservation Association
Olli Barbé
Oregon State University
Pang Quong
Paul Collins
Paul Seagrove
Paul Yancey
Peggy Stap
Pelayo Salinas de Leon
Pennsylvania State University
Per Borre
Pete Bassett
Peter King
Peter Kraft
Phil Sammet
Plymouth University
PT Hirschfield
R/V Falkor Captain and Crew
Ray Dalio
Redboats
Richard Bull
Richard Herrmann
Richard Phillips
Robert Pitman
Roberto Pepolas
ROPOS
Rowan Aitchison
Sally Snow
Samantha Andrzejaczek
San Francisco University Quito
Sarah Dwyer
Schmidt Ocean Institute
School of Chemistry, University of Bristol
Scott Carnahan
SeaMaster Costa Rica team
Sheila Patek
Sheree Marris
Simon George
Simon Villamar
Sina Kreicker
Sri Lanka Coast Guard
Sri Lanka Department of Wildlife Conservation
Sri Lanka National Film Corporation
Sri Lanka Navy
St Luke's Primary School, Pointe Michel, Dominica
Stanford University
Stefan Andrews
Steve Benjamin
Sub C Imaging
Suzanne Lockhart
The Ocean Agency
Thomas Furey
Tim North
Tiu Simila
Tomas Lundalf
Tony Bramley, fixer
Tony Wu
Tore Tien
Torre Lein
University of Galway
University of Georgia
University Of Hawai'i At Manoa
University of Miami Rosenstiel School of Marine and Atmospheric Science
University of Oxford
University Of The Azores
University of Victoria
University of Western Australia
Vincent Pieribone
Wayne Mcfee
Woods Hole Oceanographic Institute
Y.Zin Kim
Yvette Oosthuizen
Zara-Louise Cowan

Production Team
制作团队

Sir David Attenborough
Tom McDonald
Alexandra Fennell
Chiara Minchin
Dan Beecham
Daniel Prosser
Ester de Roij
Francesca Maxwell
Jack Delf
James Taggart
Jamie Love
Jenny Foulkes
Joanna Stead
Joanna Verity
Jodie Allt
Joe Hope
Joe Stevens
Joe Treddenick
John Chambers
John Ruthven
Jonathan Smith
Joseph Fenton
Karmen Summers
Katie Hall
Katrina Steele
Marcus Coyle
Matthew Brierley
Melanie Thomas
Miles Barton
Natalie Cross
Nicole Kruysse
Orla Doherty
Rachel Butler
Saijal Patel
Sandra Forbes
Sarah Conner
Simon Cross
Sophie Morgan
Sylvia Mukasa
Will Ridgeon
Yoland Bosiger
Zeenat Shah

Post Production
后期制作

Films at 59
Miles Hall

Music
音乐

Bleeding Fingers
Catherine Grimes
Hans Zimmer
Jacob Shea
Jasha Klebe
Natasha Klebe
Natasha Pullin
Russell Emanuel

Film Editors
视频剪辑

Dave Pearce
Matt Meech
Nigel Buck
Pete Brownlee
Andrew Mort
Jack Johnston
Robin Lewis

Online Editors
在线编辑

Frank Ketterer
Wes Hibberd

Dubbing Editors
配音编辑

Kate Hopkins
Tim Owens

Dubbing Mixer
配音剪辑

Graham Wild

Colourist
配色

Adam Inglis

Graphic Design
平面设计

BDH Creative

BBC Worldwide
BBC 环球公司

Patricia Fearnley
Monica Hayes
Hayley Moore
Rebecca Hyde

图片来源

封面： Copyright BBC/Lisa Labinjoh/Joe Platko 2017
封底： Michael Aw（上图•左）, Shawn Miller（上图•中）, Brandon Cole（上图•右）, Joe Platko（下图）
目录前（数字为页码）

1 David Fleetham/naturepl.com; **2-3** Alex Mustard; **4-5** Franco Banfi;

正文部分

前言　超乎想象的美丽

2 James Loudon（上图）, Alex Board（下图）; **5** James Honeyborne

第 1 章　同一片海洋：浩瀚而未知

6-7 Michael Patrick O'Neill; **8-9** NASA; **11** Ken Findlay; **12** James Honeyborne; **13** Yoland Bosiger（上图•左）, Luis Lamar（上图•右）, Jason Isley/Scubazoo（下图）; **14** BBC; **15** Alex Vail; **16-17** Dan Beecham（底图）, **18** BBC（右图）; **19** Miles Barton; **20-23** Richard Robinson; **24-27** Steven Benjamin; **28** Philip Stephen/naturepl.com; **29** Michael Schroeder/Alamy; **30-31** Francisco Leong/AFP/Getty; **32-33** Michael Patrick O'Neill; **34** Norwegian Orca Survey; **35** Tony Wu; **36-37** Audun Rikardsen; **38** Dan Beecham; **39** Espen Bergersen/naturepl.com; **41** Audun Rikardsen; **42-44** Jonathan Smith; **45** Ted Giffords; **46-47** Rachel Butler

第 2 章　海岸：分界线上的生活

48-49 Giovanni Allievi; **50** Bernard Castelein/naturepl.com; **52-55** Sergio Pucci; **56** Ingo Arndt/naturepl.com; **57** Ingo Arndt/Minden/FLPA; **58-59** Dan Beecham; **60-63** BBC; **64-65** Craig Foster; **66-67** BBC; **68-69** Miles Barton; **70-71** Joao Paulo Krajewski; **72** Miles Barton; **73** Joao Paulo Krajewski; **75-76** BBC; **77** Miles Barton; **79** Barrie Britton; **80** Alex Mustard/2020Vision/naturepl.com; **81** Miles Barton; **82** BBC; **83-86** Rachel Butler; **87** Richard Wollocombe; **88-89** Roy Mangersnes/naturepl.com; **91** Andy Rouse/naturepl.com; **92-95** Michael Patrick O'Neill

第 3 章　珊瑚礁：海底大都市

96-97 Alex Mustard; **98-99** Joao Paulo Krajewski; **100-101** Shawn Miller; **102-103** Jason Isley/scubazoo.com（上图）, Tony Wu（左图）; **104-105** Jason Isley/scubazoo.com; **106** Jonathan Smith; **107** BBC（图 1、2、3）, Jonathan Smith（图 4）; **108** BBC（上图）, Yoland Bosiger（下图）; **109-111** BBC; **112-113** Jason Isley/scubazoo.com; **114** Alex Mustard; **115** Doug Perrine/naturepl.com; **117** Reinhard Dirscherl/FLPA（上图）, Constantinos Petrinos/naturepl.Com（下图•左）, BBC（下图•右）; **118** Georgette Douwma/naturepl.com; **119** Alex Mustard; **120-121** Paul & Paveena Mckenzie/Getty; **122-123** Christophe Bailhache/XL Catlin Seaview Survey/The Ocean Agency; **124-125** Yoland Bosiger; **126-127** Auscape/Getty; **127** Peter Harrison/OceanwideImages.com; **128-129** Gabriel Barathieu

第 4 章　绿色海洋：大海中的丛林

130-131 Joe Duvala/Getty; **132-133** Justin Hofman; **134** Craig Foster; **135** Simone Caprodossi; **136-137** Craig Foster; **138** Photo Researchers/FLPA; **139-142** Brandon Cole; **143** Richard Salas; **144** Justin Hofman; **145** Brandon Cole; **146** Claudio Contraras; **147** Joe Platko; **148** Simone Caprodossi; **149** Dan Beecham; **150-151** Espen Rekdal; **152-153** Justin Gilligan; **154-155** Richard Herrmann; **156-157** Yoland Bosiger; **158-159** Hugh Miller; **160-163** Justin Gilligan; **164** John Chambers; **165** Brandon Cole; **166-167** Luciano Candisani/Minden/FLPA; **168-169** Brandon Cole; **170** Juan Carlos Munoz/naturepl.com; **171** Christian Ziegler/Minden/FLPA; **172-173** Yoland Bosiger; **174-175** NASA;**176** BBC; **178-179** Joe Platko

第 5 章　深蓝：广袤的远洋

180-181 Brandon Cole; **182-184** Nuno Sà; **185** Brandon Cole; **186-187** BBC; **188** John Ruthven; **189** Franco Banfi; **190-191** Tony Wu; **192-193** Bertrand Loyer/Saint Thomas Productions; **194** Mark Brownlow（图 1）, Anthony Pierce/Alamy（图 2）; **195** BBC; **196-197** Erick Higuera; **198-199** Brandon Cole; **200-201** Nuno Sà; **203-204** BBC; **205** Brandon Cole; **206-207** Alexander Semenov; **208-209** Visual&Written SL/Alamy; **210** Dan Clark/USFWS/SPL; **211** Sergi Garcia Frenandez/Getty; **212-213** Andrea Cassini; **213** Rafa Herrero Massieu; **214-217** Simon Pierce; **218** Chris Gomersall/naturepl.com; **219** David Tipling/naturepl.com; **220-221** Mary Summerill; **222-225** Dan Beecham

第 6 章　深海：这里的生物与众不同

226-229 Michael Aw; **231** BBC（上图）, Alucia Productions（下图）; **232** BBC; **234-235** Alucia Productions; **236-237** Paul Nicklen/National Geographic Creative; **239** Peter Batson/Image Quest Marine（上图•左）, Photo Researchers/FLPA（上图•右）, MBARI（下图）; **240** Espen Rekdal; **241** Dave Forcucci/SeaPics.com; **242** BBC Life; **243** Michael Aw/SeaPics.com; **244** MBARI; **245** Doug Perrine/SeaPics.com; **246** BBC; **247** Dr Alan Jamieson; **248-249** BBC; **251** Will Ridgeon; **252** David Wrobel; **253** Dr Alan Jamieson; **255-257** photos courtesy of the Gulf of Mexico Research Initiative ECOGIG II Consortium and the Pennsylvania State University; **258-261** Will Ridgeon; **262-265** BBC; **266** NOAA Office of Ocean Exploration and Research; **267** NOAA/Alamy; **269** The National Science Foundation, University of Washington and the Canadian Scientific Submersible Facility

第 7 章　未来：我们的蓝色星球

270-271 Brandon Cole; **272-273** Inaki Relanzon/naturepl.com; **275** Mark Carwardine/naturepl.com; **276-277** Roger Munns/Scubazoo; **278-279** Inaki Relanzon/naturepl.com; **280** Christoph Noever, University of Bergen/Norway（上图）, Dr Terje Lislevand, University of Bergen/Norway（下图）; **282** Sylvain Cordier/Biosphoto/FLPA; **283** courtesy of Patricia L. Corcoran, Western University; **285** The Asahi Shimbun/Getty; **286-287** Mark Dalio; **288-289** Eric Baccega/naturepl.com; **289** Andy Rouse/naturepl.com; **290-291** WWF Australia/Alexander Vail; **293** Chris Langdon; **294** Virginie Blanquart/Getty; **297** Suzi Eszterhas/naturepl.com; **298** Bob Cranston/AnimalsAnimals; **299** Reinhard Dirscherl/FLPA; **300** Gabriel Barathieu

前环衬 Paul & Paveena Mckenzie/Getty
后环衬 Justin Hofman